有一种智慧叫包容

文思源 编著

中国华侨出版社

图书在版编目(CIP)数据

有一种智慧叫包容 / 文思源编著 . —北京 : 中国华侨出版社, 2017.6

ISBN 978-7-5113-6852-2

Ⅰ. ①有… Ⅱ. ①文… Ⅲ. ①人生哲学—通俗读物 Ⅳ. ① B821-49

中国版本图书馆 CIP 数据核字（2017）第 130740 号

有一种智慧叫包容

编　　著：	文思源
出版人：	方　鸣
责任编辑：	千　寻
封面设计：	施凌云
文字编辑：	于海娣
美术编辑：	吴秀侠
插图绘制：	王　辰
经　　销：	新华书店
开　　本：	880mm×1230mm　1/32　印张：8　字数：158千字
印　　刷：	北京鑫海达印刷有限公司
版　　次：	2017 年 7 月第 1 版　2017 年 7 月第 1 次印刷
书　　号：	ISBN 978-7-5113-6852-2
定　　价：	32.00 元

中国华侨出版社　北京市朝阳区静安里 26 号通成达大厦 3 层　邮编：100028

法律顾问　陈鹰律师事务所

发 行 部　（010）58815874　　传　　真：（010）58815857

网　　址　www.oveaschin.com

E-mail　　oveaschin@sina.com

如果发现印装质量问题，影响阅读，请与印刷厂联系调换。

前言
preface

　　生活中，经常会遇到这样的碰撞或那样的摩擦，有他人故意的伤害，也有他人无心的举动。面对这些，有些人选择"士可杀不可辱"，以牙还牙，而有些人则选择包容。

　　或许，包容在前者眼里是没有胆量，是懦弱。但，当我们只图一时之快，与他人发生斗争后，会产生什么样的结果？或许是一次更大的伤害，或许是一次皮肉之苦，或许是一个没完没了的麻烦……

　　毋容置疑，逞一时之快是非常不理智、不明智的。而选择包容的人，他们时刻保持平和、淡定，具有宽厚的胸怀，在诸多的伤害面前，始终能够做到不生气、不冲动、不计较，以一颗包容之心容纳天下难容之人和难容之事，从而拥有淡定而不失控的自在人生。

　　包容，是一种积极的智慧之策，应该作为一种生存哲学终身践行。

　　如果你与朋友、与合作伙伴总是话不投机；如果你在工作中

1

感觉压力过大、疑虑重重；如果你的婚姻中总是有那么多的误会和矛盾；如果你的生活中总是有那么多的不如意。请翻开《有一种智慧叫包容》。

这是一本关于包容的智慧之书，在这里，人生中欺骗的痛苦、背叛的创伤、遗弃的绝望在宽和博大的包容之中消弭于无形，让人在颓唐、失望的时候看到希望，体会到包容的意义、真爱的可贵。人生的舞台有序幕、有落幕，每个人都要在起起落落中学会成长。

细细地品读这本书，你会领悟生命的真谛，走出生命的盲区，成为生活的智者。书中结合生活中的事例，为读者在为人处世、婚姻家庭、事业成功、化解苦难等方面做了详细阐述，让读者从中感悟包容的真谛，学会淡化冲突，缓解矛盾与危机，以包容的智慧在工作、生活中达到和谐。

可以说，《有一种智慧叫包容》是每一个想拥有幸福生活和成功人生的人必学必读的智慧书。

目录 CONTENTS

第一章 怀揣一颗包容心

大度集群朋,豁达赢天下 / 2

蚌含沙而孕育珍珠,人大量而立身天地 / 5

学会宽容,懂得原谅 / 6

看得开,容得下 / 9

遇谤不争辩,沉默即宽容 / 12

心宽寿自延,量大智自裕 / 14

苛求他人,就是苛求自己 / 18

但求人无病,何妨药生尘 / 21

第二章 笑对生活,包容人生的泥泞坎坷

以积极的心态对待苦难 / 26

感谢折磨你的人 / 28

接受生活的不公平 / 31

事必如此,别无选择 / 33

无法改变环境,就学着适应 / 36

正视问题与残缺 / 39

包容，就是换一个角度看人生 / 42

悦纳一切苦与乐 / 44

面对嗔怒，宽容是一种美德 / 47

第三章　悦纳自己，包容自己的不完美

世上没有绝对的完美 / 50

生命本身并没有残缺 / 52

以包容之心看待自己 / 55

敢做敢当，缺点不藏 / 58

能包能容，缺陷中也有美 / 60

包容自己，逃出"心狱"的监禁 / 63

第四章　广结人缘，包容帮你赢得人心

为人处世，宽容别人是上策 / 66

留有余地，人际关系会更好 / 69

忧他人之忧，乐他人之乐 / 72

律己宜严，待人宜宽 / 74

理解和包容他人 / 76

用刀剑去攻打，不如用微笑去征服 / 81

给"与众不同"留点空间 / 84

第五章　化解矛盾，一分包容胜过十分责备

包容能避免冲突 / 88

与他人争执时，学会后退一步 / 90

以宽容化解对方的挑衅 / 93

低姿态消融他人忌妒的壁垒 / 96

不咎既往，冰释前嫌 / 98

拥有雅量，让阳光继续灿烂 / 101

把心放宽，学会克制自己 / 103

你的态度，决定了他人的态度 / 106

多给对方一些谅解 / 109

第六章　合作共事，包容大度方能成就事业

告别"独行侠"时代 / 112

胸襟开阔才能成就伟业 / 114

有多大胸襟就有多大成就 / 116

求同存异，才能双赢 / 118

能够包容人，才能被更多人接纳 / 120

放宽心态，冷静处事 / 123

合作，才能共赢 / 126

学会与不喜欢的人相处 / 128

第七章　多点包容，爱情才会走得更久远

　　换位思考，获得甜蜜生活 / 132
　　接纳悔过的爱人 / 134
　　逝去的爱需要被原谅 / 136
　　适当迁就爱人也是一种包容 / 139
　　爱情需要善意的谎言 / 141
　　偏见会左右"真相" / 144
　　没有堤坝的河流，迟早会干涸 / 146
　　爱情也需要温柔的灌溉 / 148
　　猜疑、忌妒是咬噬爱情之树的蛀虫 / 151

第八章　家和万事兴，彼此包容才能营造爱的港湾

　　完美婚姻可"欲"而不可求 / 154
　　包容与理解是美满婚姻的保障 / 157
　　婚前睁两只眼，婚后闭一只眼 / 160
　　婚姻需要宽容来磨合 / 163
　　唠叨是家庭幸福的致命伤 / 167
　　善待自己的妻子 / 169
　　爱情要"示弱"，不要"示威" / 172

第九章 原谅生活,是为了更好地生活

与其抱怨,不如改变 / 176

大气量天高地阔,宽胸怀义永情长 / 178

心境平和,对自己说"不要紧" / 181

多一分包容,多一分快乐 / 184

不思八九,常想一二 / 186

腹中天地宽,常有渡人船 / 188

懂得包容,失去也是获得 / 191

心宽是健康长寿的幸福秘诀 / 193

第十章 拒绝盲目,包容也要讲原则

把握好善良的分寸 / 198

包容不是一味地忍让 / 200

包容不是盲目地忍耐 / 202

忍一时风平浪静,忍一世一事无成 / 205

智慧的包容,是有所忍、有所不忍 / 208

第十一章 乐观豁达,包容人生的成与败

劣势有时能成为优势 / 212

四个字:坚持到底 / 214

失败,另一种收获 / 216

一切都会好起来的 / 218
不要因失败而退缩 / 220
能拿得起就要能放得下 / 222

第十二章　百忍成金，包容忍耐才能不断超越

学会忍耐，磨难变财富 / 226
学会忍耐，克制自己 / 228
小不忍则乱大谋 / 230
动心忍性，增益不能 / 233
该妥协时就妥协 / 235
忍一时之气，免百日之忧 / 237
克制自己的不良情绪 / 240

第一章

怀揣一颗包容心

大度集群朋，豁达赢天下

为人处世，首先应当提倡"豁达大度"的胸怀。豁达，即性格开朗；大度，即气量宏大。合起来就是说，我们在处理人际关系时，要有气量，要能容人。

气量和容人，犹如器之容水，器大则容水多，器小则容水少，器漏则上注而下逝，无器者则有水而不容。气量大的人，容人之量、容物之量也大，能和各种不同性格、不同脾气的人相处融洽；能兼容并包，听得进批评自己的话；也能忍辱负重，经得起误会和委屈。

古语云："大度集群朋。"一个人若能有宽宏的度量，那么他的身边便会集结起很多知心的朋友。大度，表现为对人、对友能"求同存异"，不以自己的特殊个性或癖好律人，唯以志同道合为交友基础。大度，也表现为能听得进各种不同意见，尤其能认真听取相反的意见。大度，还表现为容忍朋友的过失，尤其是当朋友对自己犯有过失时，能不计前嫌。大度，更应表现为能够虚心接受批评，一经发现自己的过失，便立即改正；和朋友发生矛盾时，能够主动检查自己，而不文过饰非、推诿责任。大度者，能够关心人、帮助人、体贴人、责己严、待人宽。

气量大，还表现为小事上不较真，不斤斤计较。人生在世，谁都会碰到这样或那样使人不快的小摩擦、小冲突。别人触犯了自己，就犯颜动怒，或者记下一笔"秋后账"，这样只会把自己孤立起来。私怨宜解不宜结，在处理人际关系时，尤当如此。大事清楚，小事糊涂，不计较小事，这是一种美德。如果朋友之间能够心地坦然，互相信赖，互相谅解，有了意见能及时交换，那么彼此之间即使有些成见也是不难消除的。有些年轻人彼此之间容易结死疙瘩，就是因为心胸狭窄、气量狭小、爱纠缠小事，时间长了，意见变为成见，怨气变为怨恨，感情上就会由格格不入发展到反目成仇。在小事上宽大为怀，不会使你蒙受损失，只会使你受人敬佩。

西汉时的韩信，在年轻潦倒之时，曾有人逼他从胯下钻过去，实在是欺人太甚。后来，韩信被刘邦拜为大将军，不但没将侮辱过自己的人杀掉，反而赏之以金，委之以官，使其大受感动，消除了私怨，后来这个人还成了舍命保护韩信的勇士。

韩信这种"以德报怨"的做法，比起有些人一感到被欺负就"针锋相对""以牙还牙"的做法，实在要高明得多。

一个人的气量是大是小，在心平气和时较难鉴别，而当与他人发生矛盾和争执时，就容易看清楚了。气量宽宏的人，不把

小矛盾放在心上，不计较别人的态度，待人随和。而气量狭小的人，则往往要占个上风，讨点便宜。还有的人在和别人的争论中，当自己正确时，则心情舒坦，较为愿意谅解对方；但当自己错误时，则往往容易恼羞成怒，耿耿于怀，这也是气量小的一个表现。朋友之间的争论是常有的，一个真正豁达大度的人，不应该因为别人和自己争论问题而对他人耿耿于怀，更不应该因为别人驳倒了自己而恼羞成怒。

宽宏的度量，往往包含在谅解之中。要想见到不顺心的事而不发脾气，就必须养成能够原谅他人的缺点和过失的习惯。待人接物，不能过于苛求，"水至清则无鱼，人至察则无徒"，对别人过于苛求，往往会导致彼此之间难以愉快相处。

豁达的度量，从根本上说是来自一个人宽广的胸怀。一个人倘若没有远大的生活理想和目标，其心胸必然狭窄，就像马克思所形容的那样：愚蠢庸俗、斤斤计较、贪图私利的人，总是看到自以为吃亏的事情。眼睛只盯着自己的私利，根本不可能有豁达和宽容的胸怀和度量。"心底无私天地宽。"只有从个人私利的小圈子中解放出来，心里经常装着更远、更大目标的人，才能具备宽广的胸怀，达到海阔天空的精神境界。

> 世界上最宽阔的是海洋，比海洋更宽阔的是天空，比天空更宽阔的是人的心灵。
>
> ——雨果

 蚌含沙而孕育珍珠，人大量而立身天地

据古书记载，孟子第一次见梁惠王的儿子襄王后，走出来对大家说："望之不似人君，就之而不见所畏焉。"意思是，远远地看襄王根本没有君主的样子，近处观察发现他没有一点谦虚之德和恐惧戒慎之心，可见其气量之狭小。

对此，南怀瑾感慨地说："一个越是有德的人，当他的地位越高，临事时就越是恐惧，越加小心谨慎……不仅一国君主应该戒慎恐惧，就是一个平民，平日为人处世也应该如此，否则的话，稍稍有一点收获，就志得意满。赚了1000元，就高兴得一夜睡不着，这就叫作'器小易盈'，如一个小酒杯，加一点水就满溢出来了，像这样的人，是没有什么大作为的。"

气量和胸怀决定了一个人生存的高度。对于一个人来说，气量是处世立身的根本，它被放得越宽泛，生命的丈量尺度就越难以计算。气量，是一种不需投资便能得到的精神滋补品；是一种保持身心健康、具有永久疗效的"维生素"；是一种宠辱不惊，笑看庭前花开花落的清醒剂；是一种使人做到骤然临之而不惊，无故加之而不怒的智慧和定力。气量，鄙视的是斤斤计较、蝇营

狗苟和鼠目寸光的行为；崇尚的是磊落坦荡、无私无畏和志存高远的品格；失去的是不平、烦恼和怨恨；得到的是友情、快乐和幸福；抛弃的是狭隘、偏激、小气和毫无意义的你争我斗；得到的是宽广、博大、舒畅和融洽的人际关系。

人生不如意之事常八九。面对挫折、苦难，是否能保持一份豁达的胸怀，是否能保持一种积极向上的人生态度，这些都需要博大的胸襟与非凡的气度。

所以，先哲提倡"风物长宜放眼量"，人生重在追寻长久的精神底蕴，不必计较一时的成败得失。忍受孤独，在彷徨失意中修养自己的心灵，这就是最大的收获，如蚌之含沙，在痛苦中孕育着璀璨的珍珠。

> 不要为令人不快的区区琐事而心烦意乱，悲观失望。
> ——富兰克林

学会宽容，懂得原谅

无论对谁，都需要多一分宽容，宽容是人们对生命的感恩与尊重，对情谊的难以割舍。宽容是一种美德，我们要有一颗宽容的心。宽容，可以唤醒别人的良知，可以让自己更加坦然。宽容别人，而不是一味地责怪、抱怨，我们将收获豁达与尊重。

曾任美国总统的福特在大学里是一名橄榄球运动员，身体非常好,所以他在62岁入主白宫时,身体仍然非常结实。当了总统以后,他仍继续滑雪、打高尔夫球和网球。

1975年5月,他到奥地利访问,当飞机抵达萨尔茨堡,他走下舷梯时,皮鞋碰到一个隆起的地方,脚一滑就跌倒在跑道上。他跳了起来,没有受伤,但使他惊奇的是,记者们竟把他这次跌倒当成一个大新闻,大肆渲染起来。在同一天,他又在丽希丹宫被雨淋滑了的长梯上滑倒了两次,险些跌下来。

随即,一个奇妙的传说散播开了:福特总统笨手笨脚,行动不灵敏。

自萨尔茨堡以后,福特每次跌跤或者撞伤头部或者跌倒在雪地上,记者们总是添油加醋地把消息向全世界报道。后来,竟然他不跌跤也变成新闻了。

哥伦比亚广播公司曾这样报道说:"我一直在等待着总统撞伤头部,或者扭伤筋骨,或者受点轻伤之类的新闻,希望以此来吸引读者。"记者们如此渲染,似乎想给人形成一种印象:福特总统是个行动笨拙的人。电视节目主持人还在电视中和福特总统开玩笑,喜剧演员切维·蔡斯甚至在《星期六现场直播》节目里

模仿总统滑倒和跌跤的动作。

福特的新闻秘书朗·聂森对此提出抗议，他对记者们说："总统是健康而且优雅的，他可以说是我们能记得起的总统中身体最为健壮的一位。"

"我是一个活动家，"福特说道，"活动家比任何人都容易跌跤。"他对别人的玩笑总是一笑置之。1976年3月，他还在华盛顿广播电视记者协会年会上和切维·蔡斯同台表演过。节目开始，蔡斯先出场。当乐队奏起《向总统致敬》的乐曲时，他"绊"了一跤，跌倒在歌舞厅的地板上，从一端滑到另一端，头部撞到讲台上。此时，每个在场的人都捧腹大笑，福特也跟着笑了。

当轮到福特出场时，蔡斯站了起来，佯装被餐桌布缠住了，弄得碟子和银餐具纷纷落地。蔡斯装出要把演讲稿放在乐队指挥台上，可一不留心，稿纸掉了，撒得满地都是。众人哄堂大笑，福特却满不在乎地说道："蔡斯先生，你是个非常非常滑稽的演员。"

生活是需要睿智的，如果你不够睿智，那至少可以豁达。以乐观、豁达、体谅的心态看问题，就会看到事物美好的一面；以悲观、狭隘、苛刻的心态去看问题，你会觉得世界一片灰暗。两个被关在同一间牢房里的人，透过铁窗看外面的世界，一个看到的是美丽神秘的星空，一个看到的是地上的垃圾和烂泥，这就是区别。

面对嘲笑，最忌讳的做法是勃然大怒、大骂一通，其结果只会让嘲笑之声越来越高。要让嘲笑自然平息,最好的办法是一笑了之。一个目标坚定的人,不会去考虑别人多余的想法,而是有风度、有气概地接受一切非难与嘲笑。伟大的心灵多是海底之下的暗流,唯有小丑式的人物,才会像一只烦人的青蛙一样,整天聒噪不休!

> 所谓完善的人,就是心胸宽广,富有献身和牺牲精神,誓为全人类的幸福而努力奋斗的人。
>
> ——塞德兹

 看得开,容得下

从前有座山,山里有座庙,庙里有个年轻的小和尚,他过得很不快乐,整天为了一些鸡毛蒜皮的小事唉声叹气。后来,他对师父说:"师父啊!我总是烦恼,爱生气,请您开示开示我吧!"

老和尚说:"你先去集市买一袋盐。"小和尚买回来后,老和尚吩咐道:"你抓一把盐放入一杯水中,待盐溶化后,喝上一口。"

小和尚喝完后,老和尚问:"味道如何?"

小和尚皱着眉头答道:"又咸又苦。"

然后,老和尚又带着小和尚来到湖边,吩咐道:"你把剩下的盐撒进湖里,再尝尝湖水。"弟子撒完盐,弯腰捧起湖水尝了尝,

老和尚问道:"什么味道?"

"纯净甜美。"小和尚答道。

"尝到咸味了吗?"老和尚又问。

"没有。"小和尚答道。老和尚点了点头,微笑着对小和尚说道:"生命中的痛苦就像盐的咸味,我们所能感受和体验的程度,取决于我们将它放在多大的容器里。"

小和尚若有所悟。

老和尚所说的容器,其实就是我们的心量,它的"容量"决定了痛苦的浓淡,心量越大烦恼越少,心量越小烦恼越多。心量小的人,容不得,忍不得,受不得,装不下大格局。有成就的人,往往也是心量宽广的人,那些"心包太虚,量周沙界"的古圣大德,都为人类留下了丰富而宝贵的物质财富和精神财富。

其实,我们每个人一生中总会遇到许多痛苦,如果你的容器有限,就和不快乐的小和尚一样,只能尝到又咸又苦的盐水。

一个人的心量有多大,他的成就就有多大。不为一己之利去争、去斗、去夺,扫除报复之心和忌妒之念,则心胸广阔天地宽。当你能把虚空宇宙都包容在心中时,你的心量自然就能如同天空一样博大。无论荣辱悲喜、成败冷暖,只要心量放大,自然能做到风雨不惊。

寒山曾问拾得:"世间有人骂我、欺我、辱我、笑我、轻我、贱我、骗我,如何处之?"拾得答道:"只要忍他、让他、避他、由他、耐他、敬他、不理他,再过几年,你且看他。"

如果说生命中的痛苦是无法自控的,那么我们唯有拓宽自己的心量,才能获得人生的愉悦。通过内心的调整去适应、去承受必须经历的苦难,从苦涩中体味心量是否足够宽广,从忍耐中感悟暗夜中的成长。

心量是一个可开合的容器,当我们只顾自己的私欲时,它就会愈缩愈小;当我们能站在别人的立场上考虑时,它又会渐渐舒展开来。若事事斤斤计较,便把自身局限在一个很小的框框里。这种处世心态,既轻薄了自身的能力,又轻薄了自己的品格。

心量是大还是小,在于自己愿不愿意敞开。一念之差,心的格局便不一样,它可以大如宇宙,也可以小如微尘。我们的心,要和海一样,任何大江小溪都要容纳;要和云一样,任何天涯海角都愿遨游;要和山一样,任何飞禽走兽都不排拒;要和路一样,任何脚印车轨都能承担。这样,我们才不会因一些小事而心绪不宁、烦躁苦闷。

> 一个人快乐,不是因为他拥有的多,而是因为他计较的少。
> ——佚名

遇谤不争辩,沉默即宽容

明代高僧莲池大师曰:"不智之智,名曰真智。蠢然其容,灵辉内炽。用察为明,古人所忌。学道之士,晦以混世。不巧之巧,名曰极巧。一事无能,万法俱了。露才扬己,古人所少。学道之士,朴以自保。"

在人生的旅途中,我们会有各种各样的遭遇,许多时候,沉默是最好的矛与盾,进可攻,退可守。有位修行很深的禅师叫白隐,无论别人怎样评价他,他都会淡淡地说一句:"就是这样吗?"

在白隐禅师所住的寺庙旁,有一对夫妇开了一家食品店,他们有一个漂亮的女儿。有一天,夫妇俩发现尚未出嫁的女儿竟然怀孕了。这种见不得人的事,使得她的父母震怒万分!在父母的一再逼问下,她终于吞吞吐吐地说出"白隐"两字。

她的父母怒不可遏地去找白隐禅师理论,这位大师不置可否,只若无其事地答道:"就是这样吗?"孩子生下来后,就送给了白隐禅师。此时，他的名誉虽已扫地，但他并不在意，而是非常细心地照顾着孩子。他向邻居乞求婴儿所需的奶水和其他用品，虽不免横遭白眼，或是冷嘲热讽，但他总是处之泰然，仿佛他是受托抚养别人的孩子一样。

事隔一年后，这位没有结婚的母亲，终于不忍心再欺瞒下去了，她老老实实地向父母吐露了真情：孩子的生父是住在附近的一位青年。

父母立即将她带到白隐禅师那里，向他道了歉，请求他原谅，并将孩子带了回来。

白隐禅师仍然是淡然如水，他只是在交回孩子的时候，轻声说道："就是这样吗？"仿佛不曾发生过什么事；即使有，也只像微风吹过耳畔，霎时即逝。

白隐禅师为给邻居女儿生存的机会和空间，代人受过，牺牲了为自己洗刷的机会。在受到人们的冷嘲热讽时，他始终处之泰然，大度的白隐禅师令人赞赏景仰。

在面对羞辱、误解、背叛的时候，沉默本身就是一种宽容。只是对于一个世俗人来说，这种宽容会让自己很不好受，十分疼痛。但对于悟道的人来说，这种宽容是一种快乐，因为它能够感化犯错的人，让他们从内心里反省自己的错误，是一种无声之教。面对这样的沉默，所有语言的力量都是微不足道的。

环视芸芸众生，能做到遭误解、毁谤，不仅不辩解、报复，反而默默承受，甘心为此奉献付出、受苦受难的人有几个呢？

遇谤不辩，是一种难得的人生智慧。当诽谤发生后，一味地

争辩往往会适得其反,不是越辩越黑便是欲盖弥彰。这时候,沉默,会让清者自清而浊者自浊,沉默,才是明智的选择。诽谤最终会在事实面前不攻自破。

在现实生活中,拥有"不辩"的胸襟,就不会与他人针尖对麦芒,睚眦必报;拥有"不辩"的智慧,宽恕永远多于怨恨。

人之谤我也,与其能辩,不如能容。

——弘一大师

心宽寿自延,量大智自裕

我们不能改变生命的长度,却可以改变生命的宽度。这句话常常被用来激励失意之人。不要慨叹生命的短暂,而是要在有限的生命中注入无限的激情,如此,心情会随之改变,生活会随之改变,命运也会随之改变。

当我们要在一个蓄水池中注满清澈的河水时,蓄水池已经固定,增加输水管道的长度也只是拉长了水流的距离,我们需要去做的是将管道拓宽，这样才能更快地将水池注满。

事实上，当我们真正改变了心灵的宽度时，生命的长度也会悄然增加。圣严法师说："有德即是福，无嗔即无祸，心宽寿自延，量大智自裕。"这真是一种人生的大智慧。禅的智慧是无穷无尽的，宽度和量度都是禅的智慧。心宽，放下一切自我执着而引发的烦恼；量大，用包容的心去容下他人的一切，才能获得真正的洒脱，做到真正的慈悲，获得真正的智慧。

有一个久战沙场的将军，因为厌倦了战争和尘世里的奔波忙碌，便找到大慧宗杲禅师，要求剃度出家，并请求禅师为他开示。

他说："禅师，我已经看破红尘，红尘俗世中的种种，都不过是过眼云烟。禅师您慈悲，请您收留我，让我随您修行吧！"

宗杲禅师说："你贵为将军，声名显赫，能将功名利禄全部放下吗？"

将军说："功名利禄如粪土！"

宗杲禅师："可是你尚有家眷，还有太多尘世俗缘割舍不下，你不能出家！"

将军："禅师，我现在什么都放得下！妻子、儿女、家庭，全部都可以放下。请您为我剃度吧！"

宗杲摇摇头，仍然不肯为他剃度。

将军无奈地离开了。几天之后的一个清晨，他再次来到寺中参禅礼佛。宗杲禅师问："将军，你为什么这么早就来庙中拜佛呢？"

将军回答："为除心头火，起早礼师尊。"

禅师听到他用禅语回答自己的问题,心中对他出家的诚意大为赞赏,但还是开玩笑似的对他说:"起得这么早,不怕妻偷人?"

将军一听,勃然大怒:"你这老怪物,讲话太伤人!"

大慧宗杲禅师哈哈一笑,对将军说:"轻轻一拨扇,性火又燃烧,如此暴躁气,怎算放得下!"

这位自以为已经放下了一切的将军不仅未能将心头的执着放下,更没有真正领悟到禅宗的智慧,被人稍稍一激,立刻变得暴躁,已然犯了嗔戒。"说时似悟,对境生迷",他既没有正确地认识自己,也不能以一颗宽容的心去对待别人,又怎么能算是真正看破红尘呢?

真正的宽容,是包容清净的,也是包容污秽的;包容爱的人,也包容恨的人;包容善良,也包容邪恶。真正的量大,要像广袤的苍穹,容纳群星也容纳尘埃;要像浩瀚的大海,容纳百川也容纳细流;更要像无垠的虚空,无所不含,无所不摄。

苏东坡被贬谪到江北瓜洲时,和金山寺的和尚佛印相交甚多,常常在一起参禅礼佛、谈经论道,成为了非常好的朋友。

一天,苏东坡作了一首五言诗:稽首天中天,毫光照大千;八风吹不动,端坐紫金莲。作完之后,他再三吟诵,觉得其中含义深刻,颇得禅家智慧之大成。苏东坡觉得佛印看到这首诗一定会大为赞赏,于是很想立刻把这首诗交给佛印,但苦于公务缠身,只好派了一个小书童将诗稿送过江去请佛印品鉴。

书童说明来意之后将诗稿交给了佛印禅师,佛印看过之后,微微一笑,提笔在原稿的背面写了几个字,然后让书童带回。

苏东坡满心欢喜地打开了信封，却先惊后怒。原来佛印只在宣纸背面写了两个字：狗屁！苏东坡既生气又不解，坐立不安，索性就搁下手中的事情，吩咐书童备船再次过江。

哪知苏东坡的船刚刚靠岸，却见佛印禅师已经在岸边等候多时。苏东坡怒不可遏地对佛印说："和尚，你我相交甚好，为何要这般侮辱我呢？"

佛印笑吟吟地说："此话怎讲？我怎么会侮辱居士呢？"

苏东坡将诗稿拿出来，指着背面的"狗屁"二字给佛印看，质问原因。佛印接过来，指着苏东坡的诗问道："居士不是自称'八风吹不动'吗？那怎么因为一个'屁'字就过江来了呢？"

苏东坡顿时明白了佛印的意思，满脸羞愧，不知如何做答。

苏东坡是古代名士，既有很深的文学造诣，又兼容了儒、释、道三家关于生命哲理的阐释，而有时候，他也并不能领悟真正的智慧。平时，我们谈生论死，侃侃而谈似乎置生死于度外；平时，我们谈名利如浮尘，恨不得视之为粪土。但是当死亡的恐惧、浮名的诱惑摆在眼前时，我们是否还能够保持一颗平静淡然的心，从容对

待呢？

当我们将手中的鲜花送与别人时，自己已经闻到了鲜花的芳香；而当我们要把泥巴甩向其他人时，自己的手已经被污泥染脏。不嗔怒不暴躁，不患得患失，不受尘俗牵挂，超然洒脱，才能达到高深的修持境界，获得真正的智慧。

不会宽容别人的人，是不配受到别人宽容的。

——屠格涅夫

苛求他人，就是苛求自己

每个人都有可取的一面，当然也有不足的地方。与人相处，如果总是苛求十全十美，那么永远也交不到真心的朋友。在这一点上，曾国藩早就有了自己的见解，他曾经说过："概天下无无瑕之才，无隙之交。大过改之，微瑕涵之，则可。"

大意是：天下没有一点缺点也没有的人，没有一点罅隙也没有的朋友。有了大的错误，要能够改正，剩下小的缺陷，人们给予包容，就可以了。

当年，曾国藩在长沙读书，有位同学性情暴躁，对人很不友善。当时曾国藩的书桌是靠近窗户的，那位同学说："教室里的光线都是从窗户射进来的，你的桌子放在了窗前，把光线挡住了，这让我们怎么读书？"

曾国藩也不与他争辩，搬着书桌就去了角落里。曾国藩喜欢夜读，每每到了深夜，还在用功。那位同学又看不惯了："这么晚了还不睡觉，打扰别人的休息，别人第二天怎么上课啊？"

曾国藩听了，不敢大声朗诵了，只在心里默读。一段时间之后，曾国藩中了举人，那人听了，就说："他把桌子搬到了角落，也把原本属于我的风水带去了角落，他是沾了我的光才考中举人的。"别人听他这么一说，都为曾国藩鸣不平，觉得那个同学欺人太甚。可是曾国藩毫不在意，还安慰别人说："就让他说吧，不要与他计较。"

凡是成大事者，都有广阔的胸襟。他们在与别人相处的时候，不会计较别人的短处，而是以一颗平常心公正客观地看待别人，从中看到别人的优点，以此来弥补自己的不足。如果眼睛只能看到别人的短处，那么这个人的眼里就只有不好和缺陷，而看不到别人美好的一面。

在生活中，每个人都可能跟别人发生矛盾。如果一味地跟别人计较，就可能浪费自己很多精力。与其把自己的时间浪费在一些鸡毛蒜皮的小事上，不如放开胸怀，给别人一次机会，也可以让自己有更多的精力去做更多有意义的事情。

一位在山中修行的禅师，在夜色中到林中散步，在皎洁的月光下，他醒悟了很多。他喜悦地走回住处，见到自己的茅屋正在遭小偷光顾。禅师怕惊动小偷，一直站在门口等着。他知道小偷一定找不到任何值钱的东西。

找不到任何财物的小偷要离开的时候在门口遇见了禅师，正要说什么时，禅师说："你走那么远的山路来探望我，总不能让你空手而回呀！夜凉了，你带着这件衣服走吧！"说着，就把衣服披在小偷身上，小偷不知所措，低着头溜走了。

禅师看着小偷的背影穿过明亮的月光消失在山林之中，不禁感慨地说："可怜的人呀！但愿我能送一轮明月给他。"

禅师目送小偷走了以后，回到茅屋赤身打坐，他看着窗外的明月，进入空境。第二天，他睁开眼睛，看到他披在小偷身上的外衣被整齐地叠好放在了门口。禅师非常高兴，喃喃地说："我终于送了他一轮明月！"

　　面对小偷，禅师既没有责骂，也没有告官，而是以宽容的心原谅了他，禅师的宽容和原谅终于换得了小偷的醒悟。可见，宽容比强硬的反抗更具有感召力。

　　我们与别人发生矛盾时，总想着与别人争出个高低来，但是往往因为双方态度不好，容易吵起来，甚至大打出手。

　　其实，牙齿哪有不碰到舌头的。很多事情忍耐一下，也就过去了。有些矛盾的产生，别人也不一定就是故意的，我们给予他包容，他可能会主动认识到错误，也给自己减少了很多麻烦。

　　　　一个伟大的人有两颗心：一颗心流血，一颗心宽容。
　　　　　　　　　　　　　　　　　　　——纪伯伦

 但求人无病，何妨药生尘

　　在以前的药铺里，常常可以看到这样一副对联——"但求世上人无病，何妨架上药生尘"。它包含的悲天悯人、宽厚无私的情怀是很让人感动的。自己虽然是良医，却祈求别人不生病，其中蕴含着至高的道德品质。

　　同样的宽厚无私在孔子身上也可以看到，孔子在《论语·颜渊》中也曾说过："听讼，吾犹人也。必也使无讼乎！"意思是说：审理诉讼案件，我同别人一样能做好。但内心总是希望这些事情不再发生啊！孔子希望通过教化来提升人们的修养，减少案

件的发生。这是以天下人为念的崇高博大的情怀。

世间天地万物数不胜数,其中最能够打动人的莫过于一颗宽厚无私、善良之心。

清代时期,山东潍县经常发生水灾、旱灾。"扬州八怪"之一的郑燮(即郑板桥)在当地任县令七年期间,就有五年发生灾情。他刚到任那一年,潍县发生水灾,十室九空,饿殍满地,其景象惨不忍睹。郑板桥据实上报,请求朝廷开仓赈灾,可朝廷迟迟不准。在危急时刻,郑板桥毅然开仓放粮,他说:"不能等了,救命要紧。朝廷若有怪罪,就惩办我一个人好了。"灾民很快得救了。

郑板桥秉承心系天下苍生的精神,心念百姓疾苦,深知"民为邦本,本固邦宁"的古训,做任何事,他首先想到的是百姓。他招民工修整水淹后的道路城池,采取以工代赈的办法救济灾民;同时责令大户在城乡施粥救济老弱饥民,不准商人囤积居奇;他自己带头捐出官俸,并刻下"恨不得填满了普天饥债"的图章。他开仓借粮时有秋后还粮的借条,到秋粮收获时,灾民歉收,他当众将借条烧掉,劝人们放心,努力生产,来年交足田赋。由于他的这些举措,无数灾民解决了眼前的困苦局面。

为了老百姓,他得罪了一些富户,特别在整顿盐务时,更是触动了富商大贾的私利。潍县濒临莱州湾,盛产海盐,长期以来,官商勾结,欺行霸市,哄抬盐价,贱进贵卖,缺斤少两,以次充好,郑板桥针对这些弊端采取了一系列措施。因此,一些富人对他造谣毁谤,匿名上告。

1752年,潍县又遭大灾,郑板桥申报朝廷赈灾,皇上怒其多次冒犯,再加上听信谗言,不但不准,反给他记大过处分,于是他被罢官,终削职为民。

离开潍县时,百姓倾城相送。郑板桥为官十余年,并无私藏,只是雇三头毛驴,一头自骑,两头分驮图书行李,由一个差丁引路,凄凉地返乡回家。临别时,他为当地人民画竹题诗:"乌纱掷去不为官,囊囊萧萧两袖寒。写取一枝清瘦枝,秋风江上作鱼竿。"

郑板桥为官,不以自己的才情作为晋升的手段,也不以此卖弄,而是用在为民谋福上,这种宽厚无私的精神才是人格的最高境界。

一灯大师曾说:"世人无数,可分三品:时常损人利己者,心灵落满灰尘,眼中多有丑恶,

此乃人中下品；偶尔损人利己者，心灵稍有微尘，恰似白璧微瑕，不掩其辉，此乃人中中品；终生不损人利己者，心如明镜，纯净洁白，为世人所敬，此乃人中上品。人心本是水晶之体，容不得半点尘埃。"

 人世间最宝贵的不是金银财宝，而是宽厚无私、品行高尚的心灵，那是纵有千金也不能买到的稀世珍品。

> 处世不必求功，无过便是功。为人不必感德，无怨便是德。
> ——佚名

第二章

笑对生活，包容人生的泥泞坎坷

 以积极的心态对待苦难

我们从小就学会了做游戏,游戏本身,就是在不断战胜挫折与失败中获取一种刺激与欢乐。假如没有挫折与失败,再好的游戏也会索然无味。人们玩游戏,是为了娱乐,是带着挑战的心情去面对游戏中的困难与挫折的,面对强大的对手,不断地损伤受挫,但越是如此,越会劲头十足。试想,倘若人们在生活中,也有这么一种积极向上的游戏心态,那么失败后,就不会显得那般沉重和压抑。既然如此,我们为何不将挫折变成一种游戏呢?那样便会让痛苦沮丧的心情超然快活起来。二者其实并无差别,只是人们在游戏中身心放松,而在生活中过于紧张。

每个人的路都不一样,但命运对每个人都是公平的,有得必有失,就看能不能往好处想。

一个病入膏肓的妇人,整天想象死亡的恐怖,心情坏到了极点。哲学家蓝姆·达斯去安慰她,说:"你可不可以不要花那么多时间去想死,而把这些时间用来考虑如何快乐地度过剩下的时间呢?"

他刚对妇人说时,妇人显得十分恼火,但当她看到蓝姆·达斯眼中的真诚时,便开始慢慢地思考着他说的话。

"说得对,我一直都在想着怎么死,完全忘了该怎么活了。"

她略显高兴地说。

一个星期之后,妇人还是去世了,她在死前对蓝姆·达斯说:"这一个星期,我活得比前一阵子幸福多了。"

"苦乐无二境,迷悟非两心",妇人学会了心往好处想,所以在离开人世前仍能感到一丝幸福。如果她仍像以前一样,一味想有关死亡的事情,那她只能痛苦地离开人世。

心往好处想,不论何时,不论何事。人可以没有名利,没有金钱,但必须拥有美好的心情。

一个春光明媚的日子，在阳光普照的公园里，许多小孩正快乐地游戏，其中一个小女孩不知被什么东西绊了一下，突然摔倒了，开始哭泣。这时，旁边有一个小男孩跑过来，别人都以为这个小男孩会伸手把摔倒的小女孩拉起来或鼓励她站起来。

但出乎意料的是，这个小男孩竟在哭泣的小女孩身边故意摔了一跤，泪流满面的小女孩看到这情景，也觉得十分可笑，于是破涕为笑了。

将生活中的挫折和困难视为游戏，不是为了游戏人生，而是为了以积极的心态面对现实，从而克服困难。笑看忧愁，笑看人生，如此而已！

> 卓越的人一大优点是：在不利与艰难的遭遇里百折不挠。
> ——贝多芬

感谢折磨你的人

感激伤害你的人，因为他磨炼了你的心志；感激欺骗你的人，因为他增进了你的见识；感激鞭挞你的人，因为他清除了你的业障；感激压抑你的人，因为他拓展了你的心胸；感激曾经的男人，因为他让你学会了保护；感激忌妒你的女人，因为她让你学会了包容；感激爱你的人，因为他让你懂得了什么是爱，等等。感恩的心，感谢有你，感谢所有的人。

有一本书曾经这样写道：人生活在这个世界上，总会经历这样那样的烦心事，这些事总是会折磨人的心，使人不得安稳。尤其对于刚毕业的大学生来说，刚进入社会中，还未完全成长起来，却要承受这个社会的种种压力，比如待业、失恋等。

世间的事就是这样，如果你改变不了世界，那就改变你自己吧。换一种眼光去看世界，你会发现所谓的"折磨"其实都是促进你生命成长的"清新氧气"。

人们往往把外界的折磨看作人生中纯粹消极的、应该完全否定的东西。当然，外界的折磨不同于主动的冒险，冒险有一种挑战的快感，而我们忍受的折磨总是情非得已。但是，人生中的折

磨总是消极的吗？清代金兰生在《格言联璧》中写道："经一番挫折，长一番见识；容一番横逆，增一番气度。"由此可见，那些挫折和横逆的折磨对人生不但不消极，相反，它是一种促进你成长的积极因素。

生命是一次次蜕变的过程。唯有经历各种各样的折磨，才能加深生命的厚度。只有一次又一次与各种折磨握手，历经反反复复的较量之后，人生的阅历才会在这个过程中日积月累、不断丰富。

在人生的岔道口，若你选择了一条平坦的大道，你可能会有一个舒适而享乐的青春，但你会失去一个很好的历练机会；若你选择了坎坷的小路，你的青春也许会充满磨砺，但人生的真谛也许会就此被你领略。

蝴蝶的幼虫是在一个开口极其狭小的茧中度过的。当它的生命要发生质的飞跃时，这天定的狭小通道对它来讲无疑成了鬼门关，那娇嫩的身躯必须竭尽全力才可以破茧而出。有许多幼虫在往外冲杀的时候力竭身亡，不幸成了飞翔的悲壮祭品。

有人怀了悲悯恻隐之心，企图将那幼虫的生命通道修得宽阔一些，他用剪刀把茧的洞口剪大，这样一来，所有受到帮助而见到天日的蝴蝶都不再是真正的精灵——它们无论如何也飞不起来，只能拖着丧失了飞翔功能的双翅在地上笨拙地爬行！

原来，那"鬼门关"般的狭小茧洞恰是帮助蝴蝶幼虫两翼成长的关键所在，穿越的时候，通过用力挤压，血液才能被顺利输送到蝶翼的组织中去，唯有两翼充血，蝴蝶才能振翅飞翔。人为地将茧洞剪大，蝴蝶的翼翅就没有了充血的机会，爬出来的蝴蝶便永远与飞翔无缘。

　　一个人成长的过程恰似蝴蝶的破茧过程，在痛苦的挣扎中，意志得到磨炼，力量得到加强，心智得到提高，生命在痛苦中得到升华。当你从痛苦中走出来时，就会发现，你已经拥有了飞翔的力量。如果没有挫折，也许就会像那些受到"帮助"的蝴蝶一样，萎缩了双翼，平庸过一生。

　　只有经历过风雨，才能增长经验，你才能离成功更近一步。

　　　　每一种挫折或不利的突变，都带着同样或较大的有利的种子。

　　　　　　　　　　　　　　　　——爱默生

接受生活的不公平

　　在我们这个世界上，许许多多的人都认为公平合理是生活中应有的现象。我们经常听人说："这不公平！""因为我没有那样做，你也没有权利那样做。"

　　我们整天要求公平合理，每当发现公平不存在时，心里便不高兴。应当说，要求公平并不是错误的心理，但是，如果因为不能获得公平，就产生一种消极的情绪，这个问题就要注意了。

实际上绝对的公平并不存在，你要寻找绝对公平，就如同寻找神话传说中的宝物一样，永远也无法找到。这个世界不是根据公平的原则而创造的，譬如鸟吃虫子，对虫子来说是不公平的；蜘蛛吃苍蝇，对苍蝇来说是不公平的；豹吃狼、狼吃獾、獾吃鼠、鼠又吃……飓风、海啸、地震等都是不公平的，公平只是神话中的概念。人们每天都过着不公平的生活，快乐或不快乐，是与公平无关的。这并不是人类的悲哀，只是一种真实情况。

生活不总是公平的，这着实让人不愉快，但确是我们不得不接受的真实处境。我们许多人所犯的一个错误便是认为生活应该是公平的，或者终有一天会公平。其实不然，绝对的公平现在不会有，将来也不会有。

承认生活中充满着不公平，如此便更能够激励我们去尽己所能，而不自我伤感。我们知道让每件事情完美并不是"生活的使命"，而是我们自己对生活的挑战，承认这一事实也会让我们不再为他人遗憾。每个人在成长、面对现实、做种种决定的过程中都会遇到不同的难题，每个人都有遭到不公正对待的时候，承认生活并不总是公平这一事实，并不意味着我们不必尽己所能去改善生活；恰恰相反，它正表明我们应该这样做。当我们没有意识到或不承认生活并不公平时，我们往往怜悯他人也怜悯自己，而怜悯自然是一种于事无补的失败主义情绪，它只能令人感觉比现在更糟。但当我们真正意识到生活并不公平时，我们会对他人也对自己怀有同情，而同情是一种由衷的情感，所到之处都会散发出充满爱意的仁慈。当你发现自己在思考世界上的种种不公正时，可要提醒自己这一基本的事实。你或许会惊奇地发现它会将你从自我怜悯中拉出来，使你采取一些具有积极意义的行动。

许多不公平的经历我们是无法逃避的，我们只能接受已经存在的事实并进行自我调整，抗拒不但可能毁了自己的生活，而且也许会使自己精神崩溃。因此，人在无法改变不幸的厄运时，要学会接受它、适应它。

失败是坚忍的最后考验。

——俾斯麦

事必如此，别无选择

荷兰阿姆斯特丹有一座15世纪的教堂遗迹，里面有这样一句让人过目不忘的题词："事必如此，别无选择。"命运中总是充满了不可捉摸的变数，如果它给我们带来了快乐，当然是很好的，我们也很容易接受。但事情却往往并非如此，有时，它带给我们的会是可怕的灾难，这时如果我们不能学会接受它，反而让灾难主宰我们的心灵，那生活就会永远地失去阳光。

　　琼妮是新西兰一位建筑商的女儿，移居美国后，曾在休斯敦一家电视台工作，1990年起任摄影记者。1992年6月，她被派往萨拉热窝进行战地采访。在那里，曾有多名记者丧生。

　　琼妮在萨拉热窝待了6个星期后，已经习惯了周围的流弹。一天清早，一颗子弹击穿车窗玻璃，正好击中她的脸部，几乎掀掉了她的半边脸，她的颧骨被打得粉碎，牙齿没有了，舌头被打断。送到诊所时，大夫们直摇头，认为她不行了。经过20多次手术后，她又奇迹般地回到了工作岗位。这时的她，下颌仍无感觉，脸部还留着弹片，体重减轻了8公斤。令大家吃惊的是，她要求重返萨拉热窝。

　　她幽默地说："说不定我还能在那里找回我的牙齿。"她甚至想认识一下当初袭击她的枪手。有人问她，见到那个枪手后怎么办。她说："会请他喝一杯，问他几个问题，比方说当时距离有多远。"

琼妮面对厄运的乐观态度证明她是一个具有坚韧毅力的女孩,正是这种乐观的性格,使她能够迅速摆脱挫折的阴影,积极地投入到新的工作中去。

威廉·詹姆斯说:"完全接受已经发生的事,这是克服不幸的第一步。"哲人说:"太阳底下所有的痛苦,有的可以解救,有的则不能,若有,就去寻找;若无,就忘掉它。"

快乐是什么?快乐是血、泪、汗浸泡的人生土壤里怒放的生命之花,正如惠特曼所说:"只有受过寒冷的人才感觉得到阳光的温暖,也只有在人生战场上受过挫败、痛苦的人才知道生命的珍贵,才可以感受到生活之中的真正快乐。"

托尔斯泰在他的散文名篇《我的忏悔》中讲了这样一个故事:一个男人被一只老虎追赶而掉下悬崖,庆幸的是在跌落过程中他抓住了一棵生长在悬崖边的小灌木。此时,他发现,头顶上那只老虎正虎视眈眈,低头一看,悬崖底下还有一只老虎,更糟的是,两只老鼠正忙着啃咬事关他生死的小灌木的根须。绝望中,他突然发现附近生长着一簇野草莓,伸手可及。于是,这人摘下草莓,塞进嘴里,自语道:"多甜啊!"

生命进程中,当痛苦、绝望、不幸和危难向你逼近的时候,你是否还能享受一下野草莓的滋味?"尘世永远是苦海,天堂才有永恒的快乐"是禁欲主义编撰的用以蛊惑人心的谎言,苦中求乐才是快乐的真谛。

英格兰的妇女运动名人格丽·富勒曾将一句话奉为真理,这句话是:"我接受整个宇宙。"是的,你我也应该能接受不可避免

的事实。即使我们不接受命运的安排,也不能改变事实分毫,我们唯一能改变的只有自己。成功学大师卡耐基也说:有一次,我拒不接受我遇到的一种不可改变的情况。我像个蠢蛋,不断做无谓的反抗,结果使我自己失眠了,我把自己整得很惨。终于,经过一年的自我折磨,我不得不接受我无法改变的事实。

面对现实,并不等于束手接受所有的不幸。只要有任何可以挽救的机会,我们就应该奋斗!但是,当我们发现情势已不能挽回时,我们最好就不要再思前想后、拒绝面对,要接受不可避免的事实,唯有如此,才能在人生的道路上掌握好平衡。

> 人生的光荣,不在于永不失败,而在于能够屡仆屡起。
> ——拿破仑

 无法改变环境,就学着适应

诸葛亮说:"腐儒俗士岂识时务,识时务者在乎俊杰。"什么是识时务呢?识时务即指认清事物的变化方向,了解问题的特征。懂得这些的人才是高明之人,才堪称俊杰。

很多人都在问:社会变化了,我能够做什么?这个问题给很多人造成了心理障碍,让他们陷入了痛苦的深渊。如果你的天赋和内心要求你从事木工工作,那么你就做一个木匠;如果你的天赋和内心要求你从事医学工作,那么你就做一名医生。

人的生存离不开环境，环境一旦变化，我们必须随时调整自己的观念、思想、行动及目标，以适应这种变化，这是生存的客观法则。但是，有时环境的发展，与我们的事业目标、欲望、兴趣、爱好等发展并不合拍，有时甚至会阻碍、限制我们欲望和能力的发展。

在这个时候，如果我们有能力、有办法来适应环境，使之满足我们能力和欲望的发展需求，则是最难能可贵的。

刚刚毕业于某高校音乐学院的小李，被分配到一家国企的工会做宣传工作。刚开始，他很苦恼，认为自己的专业与工作不对口，在这里长干下去，不但自己的前途会被耽误，而且自己的专长也可能荒废。

于是，他四处活动，想调到一个适合自己发展的单位。几经折腾，终未成功。之后，他便死心塌地地安守在这个工作岗位上，并发誓要改变"英雄无用武之地"的状况。他找到工会主席，提出了自己要为企业筹建乐队的计划。当时恰逢企业刚从低谷走出来，扭亏

为盈，开始进入高速发展时期，自然也想努力地宣传企业形象，提高产品的知名度，主席就欣然同意了他的计划。

他来了精神，跑基层、寻人才、买器具、设舞台、办培训，不出半年，乐团便初具规模。两年以后，这个企业乐团的演奏水平已成为全市一流，而且堪与专业乐团相媲美，而他自己也成了全市知名度较高的乐队经理。通过自己的努力，他完全改变了自己所处的环境，化劣势为优势，不但开辟出了自己施展才能的用武之地，而且培养了自己的领导管理才能，为他以后寻求更大的发展奠定了坚实的基础。

适应环境需要许多条件，但最重要的是信心与智慧，它们相辅相成、缺一不可，有了这两者，你肯定能够想出解决问题的好方法。

但在现实生活中，有的人却不这样，他们改变不了环境，也不利用环境去努力寻找、开创新的机遇，而是怨天尤人、自暴自弃，把自己逼到了死角，一生难有任何作为。

其实，我们经常会身处在陌生、被动的环境中，而环境本身往往又是不容易被改变的。一个人要想生存，要想成为强者，就必须跟着时代的步伐一起前进。也就是说，我们要想改变生存环境，必须首先顺应生存环境的发展变化。如果一个人想改变生存环境，却不能首先顺应环境的发展变化，那么，想改变环境的目的则是很难达到的。

这时，正确的做法就是适应环境，在适应中改变自己、提升自己。所谓"自己的命运掌握在自己手中"，当你无法改变身处的环境时，就应该以一种积极、向上的态度去适应它，在你付出勤奋、敬业后，便会发现成功已悄然来临。如果有一天你实现了自己的人生目的，你应该自豪地对自己说：我掌握了自己的命运。

成功不在于时间、地点、环境，而在于人自己。
——查尔斯·劳斯

 正视问题与残缺

问题是组成生活的一部分，不过，生活中大多数问题都不会太严重，也不会给我们的生活带来很大的影响。可是有的问题却可能带来悲惨的结果，而原本这些问题对于当事人来说，本该可以避免的，如果当时能多克制自己一下，耐心一点，说话方式都柔婉一些，相信结果也会更好一些。总之，如果有一颗包容的心，很多悲剧就不会发生。

这是一个真实的故事：

一个从战场归来的士兵从旧金山打电话给他的父母，对他们说："爸、妈，我回来了，可是我有个请求，我想带一个朋友同我一起回家。"

"当然好啊，"父母回答，"我们很高兴见到他。"

儿子接下去说："可是有件事我想先告诉你们，他在战场上受

了重伤，少了一条胳膊和一条腿。他现在走投无路，我想请他来和我们一起生活。"

父亲沉默了一会儿，说："儿子，我很遗憾，不过或许我们可以帮他找个安身之处。"

儿子的声音有些颤抖："难道你们不能接受一个残疾人和你们生活在一起吗？"

父亲说："儿子，你不知道自己在说些什么。像他这样身有残疾的人会给我们的生活造成很大的负担。我们还有自己的生活要过，不能就让他这样破坏了。我建议你先回家，然后就忘了他吧，他也有他自己的生活。"

儿子沉默了，挂断了电话。之后，父母再也没有收到他的消息。

过了一段时间,焦急的父母接到了来自旧金山警局的电话,说他们亲爱的儿子已经坠楼身亡了。警方认为这只是单纯的自杀案件,伤心欲绝的父母飞往旧金山,在警方的带领下去停尸间辨认儿子的遗体。

那的确是他们的儿子!令他们不能置信的是,儿子居然只有一条胳膊和一条腿。原来,儿子口中的"残疾的朋友"就是他自己啊!此时,父母这才后悔不已,眼泪一下子夺眶而出。

这个悲剧性的故事,也许以各种形式每天在地球上发生着。如果那对父母能包容一些,同意接纳儿子所谓的朋友,那他们也就不会永远地失去自己的儿子。对有些人来说,接受那些健康、美丽、聪明、富裕的人是很容易的,可是要接受不如他们健康、美丽、聪明或富裕的人就难了。

人们往往会下意识地回避那些不如我们的人,因为害怕他们会搅乱我们平静的生活。这,难道不是自私吗?

生活中总是有这样或那样的问题,我们要做一个能包容、心态坦然的人,这样才能成为一个坚强的人,在任何苦难之前都要坚持住,永远不被击倒。

> 如果要宽容别人,就不要等到别人来乞求,记住一句老话:给予永远比索取令人愉快。
>
> ——佚名

包容，就是换一个角度看人生

一少妇投河自尽，被正在河中划船的船夫救起。

船夫问："你年纪轻轻，为何自寻短见？"

"我结婚才两年，丈夫就抛弃了我，接着孩子又病死了。您说我活着还有什么意思？"

船夫听了，想了一会儿，说："两年前，你是怎样过日子的？"

少妇说："那时的我自由自在，没有任何烦恼……"

"那时你有丈夫和孩子吗？"

"没有。"

"那么你不过是被命运之船送回到两年前去了罢了。现在你又自由自在，没有任何烦恼了，你还有什么想不开的？请上岸去吧……"

听了船夫的话，少妇仿佛做了一个梦，她揉了揉眼睛，想了想，心中豁然开朗。从此，她没有再寻短见，而是从另一个角度看到了希望的曙光。

有位哲人说："我们的痛苦不是问题本身带来的，而是我们对这些问题的看法而产生的。"这句话很经典，它引导我们学会解脱。解脱的最好方式是面对不同的情况时，用不同的思路从多角度分析问题，因为事物都是多面性的，视角不同，所得的结果就不同。

如果你能换个视角看问题，你就会看到事物美好的一面；换个视角看人生，你就会从容坦然地面对生活。当痛苦向你袭来的时候，不要悲观气馁，要寻找痛苦的原因、教训及战胜痛苦的方法，勇敢地面对多舛的人生；换个视角看人生，你就不会为战场失败、商场失手、情场失意而颓废，也不会为名利加身、赞誉四起而得意忘形；换个视角看人生，是一种突破、一种解脱、一种超越、一种高层次的淡泊宁静。换一个视角看待世界，世界无限宽大；换一种立场对待人、事，人、事无不自在。

　　要解决一切困难是一个美丽的梦想，但任何一个困难都是可以解决的。一个问题就是一个矛盾的存在，而每一个矛盾只要找到了合适的介点，就可以把矛盾的双方统一。这个介点不停地变幻，它总与那些处在痛苦中的人玩游戏。转换看问题的视角，就是不能用同种方式去看所有的问题和问题的所有方面。如果那样，你肯定会钻进死胡同，离介点越来越远，处在混乱的矛盾中不能自拔。

　　　　生活的本意是爱，谁不会爱，谁就不能理解生活。
　　　　　　　　　　　　　　　　　　——谚语

 悦纳一切苦与乐

痛苦与快乐似乎从来都是相伴相生的，二者相互矛盾又相互联系，是相互对立、相辅相成、相互转化的。所谓"没有痛苦也就无所谓快乐"。

如果将痛苦与快乐看成是绝对的对立而加以逃避，那么，我们不仅得不到快乐，反而会陷入更加痛苦的深渊，而我们之所以畏惧苦难是因为没有一个正确的苦乐观。

没有苦中苦，哪有甜中甜呢？而乐又从何而来呢？苦是乐的源头，乐是苦的归结。"不经风霜苦，难得腊梅香"，成功的快乐，正是经历艰苦奋斗后产生的。吃得苦中苦，方为人上人。古人"头悬梁，锥刺股"，苦则苦矣，但他们下苦功实现上进之志，本身就是一种快乐，以苦为乐，苦中求乐，其乐无穷。

苦的滋味的确让人不好受，甜、乐的滋味人人都喜欢，挫败、失败与苦味一样，没有人想特意去感受，而成功的喜悦则是大家都梦想得到的。但是，想要享受成功的喜悦，先要饱尝找寻成功的艰辛。

很多时候,乐苦往往会和成功、失败相伴而生。成功是新大陆,不尝一尝在大西洋上漂泊近两个月看不见陆地的苦,哥伦布怎能在毫无希望之时,看到曙光中的大陆呢?成功是胜利,不每天尝一尝那苦胆,勾践怎么能取得灭吴的功绩呢?……甜丝丝的成功背后,总有一段苦不堪言的奋斗过程。通往天国的门是小门,路是荆棘之路。是的,不付出代价,不经过艰苦努力而得来的成功是没有保障的。

"或许,靠老天帮忙,取得成功,也行吧?"有人会这样问,天上掉馅饼的事不一定没有,但那是极其偶然的,那种乐,是侥幸的乐,因为没有尝过苦味,所以也并不显得很乐。欢呼收割之前,必须流汗撒种。不经火烧的陶瓷,不付出代价的捷径,行吗?做一件艰苦的事,我们不能埋怨。一旦有了成功的希望,有了奋斗的目标,知道苦尽甘来的道理,艰苦前行的人,才不会懈怠,不惮于迎接成功的苦痛。

的确，人生的悲苦从来都是无法逃避的。多苦少乐是人生的必然。因此，我们应该做到能苦会乐的那份坦然、化苦为乐的那份智者的超然。

有一群弟子要去朝圣，师父拿出一个苦瓜，对弟子们说："随身带着这个苦瓜，记得把它浸泡在每一条你们经过的圣河，并且把它带进你们所朝拜的圣殿，放在圣桌上供养，并朝拜它。"

弟子朝圣走过许多圣河、圣殿，并依照师父的教言去做。回来以后，他们把苦瓜交给师父，师父叫他们把苦瓜煮熟，当作晚餐。晚餐的时候，师父吃了一口，然后语重心长地说："奇怪呀！泡过这么多圣水，进过这么多圣殿，这苦瓜竟然没有变甜。"

弟子听了，立刻开悟了。

这真是一个动人的教化，苦瓜的本质是苦的，不会因圣水、圣殿而改变；人生是苦的，修行是苦的，由情爱产生的生命本质也是苦的，这一点即使是圣人也不可能改变，何况是凡夫俗子！

苦为乐、乐为苦，苦与乐的感受全在于一心。达摩面壁，凡人皆称其为苦修。有谁知道达摩祖师在静修中，心归空灵，慧及宇宙，体肤之苦尽皆化为心灵的极乐,并无半点苦楚可言。

对待我们人生的修行也是这样的,时时准备受苦,不是期待苦瓜变甜,而是真正认识那苦的滋味,才是有智慧的态度;不是期待苦瓜变甜,而是要去真实地体会和了解。苦瓜本来就是苦瓜,连根都是苦的。这是一个苦瓜的实相、真相,变甜只是我们虚幻的期待而已。所有的事情唯有去面对它、解决它,不期待未来,才能真正地解决和处理。

患难可以试验一个人的品格,非常的境遇可以显出非常的气节。

——莎士比亚

 面对嗔怒,宽容是一种美德

"嗔"是烦恼的根源,所谓一念嗔心起,八万障门开。在日常生活中,贪欲隐藏在内心深处,而很少有人能够喜怒不形于色。大多数人是喜怒无常的,快乐可以不动声色,而怒气却往往很明显地就浮现在脸上或者付诸报复之中。

圣严法师说:"生活中,很多人只要心中有嗔、有怨、有恨,很快就从面色、言辞、行动上表现出来。修行人要得心安稳安定,感到喜悦安乐,一定要把嗔心除掉。有些人没有表现贪欲,但嗔心很重;他不求名位、利禄、权势,也不想追求男色、女

色,但对很多事情、很多人都看不顺眼。既然对任何事都怨忿不平,对任何人都采取对立的心态,心中岂能安定?"

在贪、嗔、痴这三种最常见的烦恼心中,圣严法师认为嗔心的毒害最大,因为贪往往是需要个人来背负的重担,通常只是带来个人的烦恼;而嗔怒的爆发是有指向性的,一旦发作,害人害己,是"双重的罪恶"。

嗔怒常常发生于不知不觉之间,当人想要控制自己的情绪时,却往往已经失控。嗔怒就像是一匹脱缰的野马,奔跑的方向已经难以掌控,只能在它闯祸之后,自己再来面对一个更加尴尬、更加难以把握的结果。"杀嗔心安稳,杀嗔心不悔;嗔为毒之根,嗔灭一切善",因此,人往往会有悔,但是能将这错误归结到自己身上的只是少数,很多人甚至会认为这易怒的品性来自于自己的父母。

"壁立千仞,无欲则刚",布施心让人变得更加坚强;"海纳百川,有容乃大",宽容心让人更加柔韧,坚韧是一种特质,像水一样,刀剑斩不断,绳索缚不住,牢笼困不得,却能穿石。

所以,我们要学会以豁达的心胸待人处世,不以人之犯己而动气,以祥和慈悲的态度面对一切事、一切人,如此,才能够在世事面前顺其自然,过幸福的人生。

> 提起千斤重,放下二两轻。
>
> ——佚名

第三章

悦纳自己,包容自己的不完美

 世上没有绝对的完美

"断臂维纳斯"一直被认为是迄今发现的古希腊女性雕像中最美的一尊。美丽的椭圆形面庞，希腊式挺直的鼻梁，平坦的前额和丰满的下巴，平静的面容，无不带给人美的感受。

她那微微扭转的姿势，和谐而优美的螺旋形上升体态，富有音乐的韵律感，充满了巨大的魅力。

作品中女神的腿被富有表现力的衣褶所覆盖，仅露出脚趾，显得厚重稳定，更衬托出其上身的秀美。她的表情和身姿是那样的庄严崇高而端庄，像一座纪念碑；然而又是那样优美，流露出女性的柔美和妩媚。

令人惋惜的是，这么美丽的雕像居然没有双臂。于是，修复原作的双臂成了艺术家、历史学家最神秘也最感兴趣的课题。当时最典型的几种方案是：左手持苹果、搁在台座上，右手挽住下滑的腰布；双手拿着胜利花环；右手捧鸽子，左手持苹果，并放在台座上让它啄食；右手抓住将要滑落的腰布，左手握着一束头发，正待入浴；与战神站在一起，右手握着他的右腕，左手搭在他的肩上……但是，只要有一种方案出现，就会有人站出来反驳。最终的结论是，保持断臂反而是最完美的！

人生就像断臂维纳斯的雕像一样，因为不圆满而变得富有深意。想要将每一种好处都占尽，到头来只会失去获得的快乐。面对已有的进步，足以快慰，何必想着要拿个满分，毕竟一蹴而就的事情，是经不起推敲的。

苛求完美，容不得事物有半点瑕疵。实际上，世界上根本没有完美，正是缺憾，才使我们整个生命有了追求前进的动力，珍惜缺憾，它就是下一个完美。如果在学习或者专心做事的时候，有人打扰，你会感到格外愤怒；常常没有必要地进行过多的检查，如检查门窗、开关、煤气、钱物、文件、表格、信件等；经常对自己或他人感到不满，因而经常挑剔自己或他人所做的任何事；不停地想，某件事如果换另一种方式，也许更加理想；经常对自己的服装或居室布置感到不满意而时常变动它们。这些表现足以说明你是一个过于追求完美的人。每一个人在内心都有一种追求完美的冲动，当一个人对现实世界的残缺体会越深时，他对完美的追求就会越强烈。这种强烈的追求会使人充满理想，但这种强烈的追求一旦破灭，也会使人充满绝望。

这个世界上没有任何一件事物是十全十美的，它们或多或少有一些瑕疵，人类亦不例外。我们只能尽最大的努力去使它更完美一些。智者告诉我们，凡事切勿过于苛求，如果采取一种包容的态度，你会活得更快乐！

生活中，有很多人忙忙碌碌一辈子，可是到最后却一事无

成，究其原因就在于他们做事非要等到所有条件都具备时才肯动手去做，然而所有的事情没有一件是绝对完美的。所以，这些人也只会在等待完美中耗尽他们永远无法完美的一生。如果你每做一件事都要求务必完美无缺，便会因心理负担的增加而不快乐。当一个人要求别人完美时，自身的缺点便显现无遗。

完美是一座心中的宝塔，你可以在内心向往它、塑造它、赞美它，但切切不可把它当作一种现实存在，因为这样只会使你陷入无法自拔的矛盾之中。一个人只有经受住失败的打击才能到达成功的巅峰，亡羊补牢，犹未为晚。不必为了一件事未做到尽善尽美而自怨自艾。

没有瑕疵的事物是不存在的，盲目地追求一个虚幻的境界只能导致劳而无功。

> 十全十美是上天的尺度，而要达到十全十美的这种愿望，则是人类的尺度。
>
> ——歌德

生命本身并没有残缺

每个人的生命都是完整的。你的身体可能有缺陷，但你仍然可以拥有一个完整的人生和幸福的生活。这才是对待生命的正确态度。

1967年的夏天，对于美国跳水运动员乔妮来说是一段伤心的日子，她在一次跳水事故中身负重伤，全身瘫痪，只剩下脖子以上可以活动。

乔妮哭了，她躺在病床上彻夜难眠。她怎么也摆脱不了那场噩梦，跳板为什么会滑？为什么她会恰好在那时跳下？不论家人怎样劝慰，她总认为命运对她实在不公。出院后，她叫家人把她推到跳水池旁，注视着那蓝盈盈的水面，仰望那高高的跳台，想到再也不能站在光洁的跳板上了，那温柔的水再也不会溅起朵朵美丽的水花拥抱她了，她又哭了起来。

她曾经绝望过，但后来，她开始冷静思索人生的意义和生命的价值。她借来许多介绍前人如何成才的书籍，一本一本认真地读了起来。她虽然双目健全，但读书也是很艰难的，她只能靠嘴咬住一根小竹片去翻书，劳累、伤痛常常迫使她停下来。休息片

刻后,她又坚持读下去。通过大量的阅读,她终于领悟到:我是残疾了,但许多人残疾了之后,却在另外一条道路上获得了成功,他们有的创作出优美的文学作品,有的创作出美妙的音乐,于是,她想到了自己中学时代画画的经历。我为什么不能在画画上有所成就呢?这位纤弱的姑娘变得坚强、自信起来。她捡起了中学时代曾经用过的画笔,用嘴衔着,开始了练习。

这是一个常人难以想象的艰辛过程。家人担心她累坏了,于是纷纷劝阻她:"乔妮,别那么死心眼了,哪有用嘴画画的,我们会养活你的。"

可是,他们的话反而激起了她学画的决心,"我怎么能让家人养活我一辈子呢?"她更加刻苦了,常常累得头晕目眩。为了积累素材,她还常常乘车外出,拜访艺术大师。许多年过去了,她的辛苦没有白费,她的一幅风景油画在一次画展上展出后,得到了美术界的好评。

后来,乔妮决心涉足文学。她的家人及朋友们又劝她了:"乔妮,你绘画已经很不错了,还搞什么文学,那会更苦了你自己的。"她没有说话,想起一家刊物曾向她约稿,要谈谈自己学绘画的经过和感受,她用了很大力气,可稿子还是没有完成,这件事对她刺激太大了,她深感自己写作水平差,必须一步一个脚印地去学习。

这是一条通向光荣和梦想的荆棘路,虽然艰辛,但乔妮仿佛看到艺术的桂冠在前面熠熠闪光,等待她去摘取。

是的,这是一个很美的梦,乔妮要圆这个梦。终于,又经过许多艰辛的岁月,这个美丽的梦成了现实。1976年,她的自传

《乔妮》出版并轰动了文坛,她收到了数以万计的热情洋溢的信。又两年过去了,她的《再前进一步》一书又问世了,该书以作者的亲身经历,告诉所有的残疾人应该怎样战胜病痛,立志成才。后来,这本书被搬上了荧幕,影片的主角就由她自己饰演,她成了青年们的偶像,成了千千万万个青年自强不息、奋进不止的榜样。

乔妮是好样的,她用自己的行动向我们说明了这样一个道理:你的生命没有残缺,无论你的命运面临怎样的困厄,都无法阻止你实现自己的人生价值,相反,它们会成为你人生道路中一笔宝贵的精神财富。

> 我能坚持我的不完美,它是我生命的本质。
> ——法朗士

 以包容之心看待自己

古时候,有户人家有两个儿子。当两兄弟成年以后,父亲把他们叫到面前说:"在群山深处有绝世美玉,你们都成年了,应该去探险,去寻求那绝世之宝。"

次日,两兄弟就离家出发去山中寻找美玉。大哥是一个注重实际、不好高骛远的人。有时候,即使发现的是一块有残缺的玉或者是一块成色一般的玉甚至有些奇异的石头,他都统统装进行

囊。过了几年,到了他和弟弟约定会合回家的时间,此时他的行囊已经满满的了,尽管没有找到父亲所说的绝世美玉,但造型各异、成色不等的众多玉石,在他看来也足以会令父亲满意。

而弟弟两手空空,一无所得。弟弟说:"你这些东西都不过是一般的珍宝,不是父亲要我们找的绝世珍品,拿回去父亲也不会满意的。我不回去,我要继续去更远更险的山中探寻,我一定要找到绝世美玉。"

后来,哥哥带着他的那些东西回到了家。父亲说:"你可以开一个玉石馆或一个奇石馆,那些玉石稍一加工,都是稀世之品,那些奇石也会是一笔巨大的财富。"

接着,父亲听了哥哥介绍弟弟探宝的经历后就说:"你弟弟不会回来了,他是一个不合格的探险者。他如果幸运,能中途醒悟,明白至美是不存在的这个道理,这是他的福气;如果他不能早悟，便只能以付出一生为代价了。"

短短几年，哥哥的玉石馆已经享誉八方，在他寻找的玉石中，有一块经过加工成为不可多得的美玉，被国王御用做了传国玉玺，哥哥也成了当时最富有的人。

很多年以后，父亲已经奄奄一息。哥哥对父亲说要派人去寻找弟弟。父亲却说："不要去找了，经过了这么长的时间和挫折他都不能领悟，这样的人即便回来又能做成什么事情呢？世间没有纯美的玉，没有完善的人，没有绝对的事物，为追求这种东西而耗费生命的人，何其愚蠢啊！"

世界并不完美，人生当有不足。没有遗憾的过去无法链接人生。对于每个人来讲，不完美是客观存在的，无须怨天尤人。

如果很少肯定自己，自己就很少有机会获得信心，当然就会自卑了，痛苦就常常跟随着他，周围的人也会不快乐。学会欣赏别人和欣赏自己是很重要的，这是使人更快更好地实现下一个目标的基石。

智者即使再优秀也有缺点，愚者再愚蠢也有优点。对人多做正面评估，不应放大别人的缺点，避免以完美主义的眼光要求自己，而应以宽容之心包容自己的缺点，少些自责之心，多些宽容之心。

> 贪心好比一个套结，把人的心越套越紧，结果把理智闭塞了。
>
> ——巴尔扎克

 敢做敢当，缺点不藏

很多年轻人都喜欢追求完美，喜欢在一种唯美的思绪里畅想自己的未来。但是，生活中，又有多少事物能十全十美？那么经得住人们想象的寄托？

人没有完美的，总会有这样或那样的缺点。缺点是否成为成功路上的障碍，关键是要想看成就什么样的事业。如果想成为万人瞩目的政治领袖，就需要不断检视自己的缺点，并与之进行坚持不懈的斗争，直到胜利为止。

克劳兹是美国某企业总裁，他奋斗了8年，让企业的资产由200万美元发展到5000万美元。2005年，他去华盛顿领取了本年度国家蓝色企业奖章。这是美国商会为奖励那些战胜逆境的企业而颁发的，那年只颁发了6枚。

克劳兹可以算是一个成功的企业家了，可他的心中却有一个难言之隐，他已经将它藏在心里很多年了。白天克劳兹不停地处理对外事务，好像是忙得没有时间去阅读邮件和文件。很多文件由公司的管理人员白天就处理好，而白天遗留下来的文件，到了晚上都是由他的妻子莱丝帮助他处理，他的下属对他无法阅读这件事一直不知情。

克劳兹的痛苦起源于童年。

当时，他在内华达的一个小矿区里上小学。他是整个学校里

最安静的小孩，总是默默地坐在教室的最后一排。他天生有阅读障碍，老师又责骂他，叫他笨蛋。他在学校的学习变得更艰难了。

1963年，他从高中勉强毕业，当时他的成绩主要是C、D、F，而成绩的最高等级是A。

高中毕业后，克劳兹搬到了雷诺市，用200美元的本金开了一家小机械商店。经过不懈的努力，1997年他已经成功开了5家分店，资产远远超过200美元。今天他的企业已经成为所在行业的佼佼者，公司每年至少有1500万美元的利润。

当克劳兹告诉他的其他雇员他不会阅读的时候，他害怕受到那些大学毕业的首席执行官们的嘲笑和轻视。但是，他没想到自己得到的是更多的支持和鼓励。

"这使我更加佩服他获得的成功，这加深了我对他的敬意。"他的一个下属说。另外，克劳兹说："自从我下决心让每个人都知道这件事以

后,我心里轻松了许多。"

从那以后,克劳兹聘请了一名家庭教师为他做阅读辅导。虽然读得很慢,但他希望有一天能像妻子那样可以迅速地读完办公桌上所有的文件和信函。更重要的是,他希望他的故事能鼓励其他正在学习阅读的人。

有缺点没有什么可羞愧的,然而,如果明知自己有缺点却不做任何改进,那就不对了。自己不去正视自己的缺点,它将永远是缺点。克服它、战胜它的过程也是优点凸显的过程。

> 我们必须敢于正视,然后才望敢想、敢说、敢做、敢当。
> ——鲁迅

能包能容,缺陷中也有美

世界上的人是个多面体,我们常说谁长得漂亮、谁长得丑,那只是我们从一个角度去看。当我们受到打击、缺乏信心的时候,不妨换个角度审视一下自己,也许会发现一个与众不同的自我。

有一对母女,母亲长得很漂亮,女儿却很丑。倒不是她的五官有什么问题,而是整体偏离正常比例。为此,女儿感到十分自卑,常常怨天尤人。看着女儿这样,母亲心里也很不是滋味,为

了帮助女儿摆脱心理困境,母亲把女儿带到照相馆去照相。

母亲对照相师的要求很奇怪,她不让照相师拍她女儿的整张脸,而是逐一对眼睛、鼻子、耳朵、嘴等五官单独拍特写。帮女儿拍完照后,母亲又拿出美国著名女星玛丽莲·梦露的头像,让照相师翻拍,并把五官分割开。

照片一冲出来,母亲就把女儿的五官照片和著名女星玛丽莲·梦露的五官照片做对比,然后贴到女儿卧室的墙上。每当女儿自卑的时候,母亲就让女儿看看那些被分割的照片,说:"和世界上最著名的美女比较一下,你哪个地方会比她差?"

还未成年的女儿迷惑地看了看母亲,将信将疑。后来,她把自己的这些照片指给那些闺中密友看。密友在不知情的情况下,有的说照片上的眼睛比梦露的眼睛迷人,有的说照片上的嘴巴更性感。渐渐地,她相信了母亲的话,真觉得自己并不比玛丽

莲·梦露丑，自信也随之而来。

现在，她已经是一个自信的姑娘了，再也不觉得自己丑了。长大后，她很感谢母亲善意的"谎言"，让她摆脱自卑。如果母亲任由自己自卑下去，那自己现在还不知道是什么模样呢。

如果一个人只盯着自己的缺陷，它就会告诉你自己是多么丑陋、多么不幸，这时你的眼前就像横着一个放大镜，小小的缺陷都会被无限放大成悲剧或灾难。可是，当你换个角度来看时，这个缺陷并不致命，甚至完全可以忽略不计。

从生理上来说，世上很难找到完美之人。人有生理缺陷当然遗憾，但它既已存在，我们就该坦然面对。人生的价值在于奉献和创造，在于完美人格的构建、灵魂的塑造和精神的升华。上帝关上一扇窗子的同时，会为你打开另一扇窗，问题是你有没有用心地去发现那扇窗。我们不必为自己的平庸与丑陋感到自卑，只要善于发现，你完全可以从这些自认为丑陋的缺陷中找到有价值的一面。

如果你在一个方向碰了壁，那也不要紧，换个角度就会找到机会，就会走向成功。

——佚名

 包容自己，逃出"心狱"的监禁

现实生活里，有不少人不自觉地把自己讨厌的事塞进自己的脑袋，把一些不相干的事与自己联系在一起，造成了心理压力。殊不知，对于自己讨厌的、想不通的事，我们可以不去想，否则最后自己就会变成压力的囚徒。

我们总是执迷不悟，对于压力不肯放手，死死握紧，不肯去寻找新的机会，发现新的思考空间，所以陷入愁云惨雾中。

人的一生充满坎坷，稍不留神，就会进入自己营造的"心狱"监禁。在"心狱"里，很多人还在不停地折磨自己，甚至造成无法挽回的悲剧。有人认为，"心狱"无法逃离。但事实是怎样的呢？人的"心理牢笼"既然是自己营造的，就应当有冲出"心理牢笼"的本能。这种本能就是精神上的包容，有了这种包容，什么样的"心理牢笼"都可以攻破。

有这样一句话：除了上帝之外，谁能无过？犯了错只表示我们是人，不代表我们就该承受如"下地狱"般的折磨。我们唯一能做的就是正视这种错误，在错误中吸取教训，以确保未来不再发生同样的憾事。接下来就应该用绝对的宽恕之心，把它忘了，继续向前进。

只要生活在这个世界上，就难免犯错，要是对每一件都深深地自责，

一辈子都背着罪恶感生活,你还能奢望自己走多远?

　　人生之帆,不论顺风还是逆风都要前进。包容自己,才能把犯错与自责的逆风化为成功的推力。希望下面的方法能为你带来逃出心牢的力量:

　　学会给自己释放压力,其实就是在包容自己。每天给自己一小时独处的时间;

　　行程表别排得太满;

　　设定合理的工作期限;

　　别承诺你做不到的事情;

　　做每一件事都多给自己半小时的时间;

　　随身携带有趣的读物;

　　经常深呼吸;

　　活动身体。行走、跳舞、跑步,做你喜欢的运动;

　　重视存在,别总是一味地做事。每周腾出休息和恢复的一天;

　　如果你不喜欢它,就把它请出你的生活;

　　别再去讨好每一个人,开始讨好你自己;

　　别和老是对你不满的人在一起;

　　别浪费宝贵的资源:时间、创造能量、感情;

　　滋养友谊;

　　别惧怕自己的热望。放弃期待;

　　品味美丽的事物。

> 人非圣贤,孰能无过。
>
> ——《左传》

第四章

广结人缘,包容帮你赢得人心

为人处世，宽容别人是上策

古人说：得饶人处且饶人。在生活中，如果我们一旦有争强好胜、锱铢必较的心理，就可能给自己招来不必要的烦恼、忌妒甚至是仇恨。

可见，包容是做人、处世的大智慧，也是和谐人际关系的一种润滑剂。尤其是在双方产生矛盾时，如果以硬碰硬，无论胜负都会有所损失，倘若能够互相包容，不仅会避免损伤，还能够将问题处理得很好。

清康熙年间，内阁大学士张英（张廷玉的父亲）收到一封家书。信上说他们家正打算修围墙，本来根据地契，墙可以一直修到邻居叶秀才家的墙根下，但是叶秀才不让，并且还到官府里把张家给告了。

家人非常生气，就给张英写了这封信，让他处理这件事。家人很快就收到了回信，但上面只有一首诗："千里捎书只为墙，让他三尺又何妨？万里长城今犹在，不见当年秦始皇。"张英的家人接到信后，明白了他的意思，马上就把墙拆了，并且后退三尺才重建。叶秀才一看张家如此大度，也把自己家的墙拆了，后移了三尺。

由于两家都退让了三尺，因此留出了一条长百余米，宽六尺的巷子，后被当地人赞誉为"六尺巷"。

本来根据地契约定,张家根本没有错,而张英又贵为大学士,并且父子二人同在朝中任要职,只要知会当地官府一声,叶秀才家肯定会妥协,而张家的权利也会得到保障。但是他没有这样做,而是选择了包容,宁愿自己吃亏,让了叶秀才三尺;而叶秀才则觉得张英"宰相肚里能撑船",不与自己计较,而自己本就理亏,感动之余也让了三尺,两家的关系也因此由剑拔弩张转为互相敬重,和睦相处。

张英是一个宽宏大量的人,他主动使用了"包容"这一润滑剂,不仅解决了问题,还赢得了他人的敬重,并因一件小事而青史流芳,真可谓一举多得。

在生活和工作中,我们每个人都难免会遇到不如意的事情。如果因为一点小事情就闷闷不乐,甚至大动肝火,这不仅会影响自己、影响他人,可能还会招致更多的麻烦。所以,当我们在遇到不如意的事情时,一定要学会去适当地包容，不要与他人产生摩擦，而要以一种平和的态度来面对。

人生在世，本就是苦多于乐，如果再过多地与人计较，甚至与自己计较，总在为得失算计，那就失去了生活的乐趣。生活过得不快乐，还有什么意义呢？

有一位高僧特别喜欢兰花，在平日修行讲佛之余总会花费很多的心力侍弄兰花。

有一次，他要出门云游，临行前交代弟子要好好照顾他的兰花。但是一个弟子在浇花时，不小心把花架撞倒了，所有的兰花盆都摔碎了，兰花也散落了一地，无法收拾。

弟子们全都慌了，只好等着师父回来责罚。但是出乎意料的是，当师父回来之后，却没有责怪他们，而是召集齐了众弟子，跟他们说："我种兰花，一来是想要用它来供奉佛祖；二来是为了美化寺庙的环境，而不是为了生气而种的！"

"不是为了生气而种的！"得道高僧修养自然是高，兰花本为他所好，也花费了很多时间来培养。一般人如果遇到这种情况肯定会很生气，很有可能会重重责罚把兰花弄坏的人，但是高僧没有。因为他明白自己种花的目的虽然没有达到，但是也不能为此而生气，况且弟子也是无心之过，所以就很容易宽容了徒弟。

为人处世，如果以严厉的态度、倨傲的性格对待别人，就会招致别人的怨恨，引来不满。如此，于人于己都不利，何必呢？正所谓：利人就是利己，亏人就是亏己，容人就是容己，害人就是害己。所以说：君子以容人为上策。

宽容是一种修养、一种德行、一种度量。如果人人都有宽容忍让的心态，那么这个社会肯定会变得更美好，人与人之间的关系也肯定会变得更和谐。

> 宽容就像天上的细雨滋润着大地。它赐福于宽容的人，也赐福于被宽容的人。
> ——莎士比亚

 留有余地，人际关系会更好

我国古代有个叫李密庵的学者，写过一首《半半歌》，诗云："饮酒半酣正好，花开半时偏妍，半帆张扇免翻颠，马放半鞭稳便。半少却饶滋味，半多反厌纠缠。百年苦乐半相掺，会占便宜只半。"用现代的话来说，就是凡事要留有余地，不要不给自己和别人退路。

常留余地二三分，体现了人生的一种智慧。凡事留有余地，则自由度就增加。进也可、退也可，亲也可、疏也可，上也可、下也可，处于一种自由的境地，体现了一种立身处世的艺术。

常留余地二三分，这是因为世界上的事变幻不定，常常因许多意想不到的不利因素产生作用。人外有人，天外有天。人不要总是赢人，要留一些给别人赢；不要老想占上风，要给别人一

些尊严。这样，自己才能不断进步，人际关系才能更和谐。为人处世还是谦虚谨慎些的好。如果目中无人，骄傲自满，就容易碰壁、栽跟头。

唐朝时代，有一位德山大师，精研律藏，而且通达诸经，其中尤以讲《金刚般若波罗蜜经》最为得意。因俗姓周，故得了个"周金刚"的美称。

一日，德山大师挑着自己所写的《青龙疏钞》，浩浩荡荡地出了四川，走向湖南的澧阳。

途中，觉得饥肠辘辘，看到前面有一家茶店，店里有位老婆婆正在卖烧饼，德山大师就到店里想买个饼充饥。老婆婆见德山大师挑着那一大担东西，便好奇地问道："这么大的担子，里面装的是什么东西?"

"是《青龙疏钞》。"

"《青龙疏钞》是什么?"

"是我为《金刚般若波罗蜜经》做的批注。"德山大师对于自己的著作,表现出很得意的神情。

"这么说,大师对于《金刚般若波罗蜜经》很有研究?"

"可以这么说!"

"那我有一个问题想请教您,您若能答得出来,我就供养您点心;若答不出来,对不起,请您赶快离开此地。"

德山大师心想:"讲解《金刚般若波罗蜜经》是我最擅长的,任你一位老太婆,怎么可能轻易就难倒我!"随即毫不在意地说:"有什么问题,你尽管提出来好了!"

老婆婆奉上了饼,说道:"在《金刚般若波罗蜜经》中说:'过去心不可得,现在心不可得,未来心不可得',不知大师您是要点哪一个心?"

德山大师经老婆婆这一问,呆立半晌,竟然答不出一句话来。他心中又惭愧又懊恼,只好挑起那一大担《青龙疏钞》,怅然离去。

德山大师受到这次教训后,再也不敢轻视别人,后来来到龙潭,至诚参谒龙潭祖师,从此勇猛精进,最后大彻大悟。

世事无常,凡事多留些余地,多些宽容,这是一条重要的做人准则。在你留有余地的同时,别人也会因此而受益匪浅。

待人对己都要留有余地。好朋友不要如影随形,不妨保持一

点距离，对崇拜的人不要说得完美无缺，不要以为有缺点的人就一无是处，不要把自己看得像朵花，看别人都是豆腐渣，不要以为自己的判断绝对正确，应在语言和行为中常留一点余地。

一幅画上必须留有空白，有了空白才虚实相间、错落有致。有余地才更加符合实际，才更加充满希望。当然，留有余地不是一种立身处世的圆滑，不是有力不肯使，也不是逢人只说三分话，而是对世界、对自己抱一种知己知彼的理性态度，是鉴于世界的复杂性和自身能力的有限性所采取的一种理智的人生策略。

胸中天地宽，常有渡人船。

——谚语

忧他人之忧，乐他人之乐

宋代朱熹"体谓设以身，处其地而察以心也"，一语道出了将他人的处境纳入思考范畴的境界，这是需要具有很高的自身修养才能体会到的乐趣，而我们平时熟稔于心的是"己所不欲，勿施于人"，其实，无论怎样表达，都说明了设身处地地为他人着想是一堂人生必修的课程，它阐释着宽容、忍让、体谅等很多美好的东西。

人不是单靠吃米面活着的动物，一生中会有很多美丽的邂逅，无论是擦肩而过还是结为金兰，我们都会永远深藏在心底。所以我们要珍惜每一次真挚的心跳,多为他人考虑一些,也好随着时间的推移,将尘封在心底的往事定格为最美的风景。

有人曾说:"人世间最纯净的友情只存在于孩童时代。"此话让人感到每个字眼里都透露着悲凉,谁能否认自己不渴望真情?其实,真情永远存在于人们的心中。不同的年龄对感情的态度不同,体悟感情的方式也不一样,但这过程里始终有一个不变的真理,那就是:如果你能把别人的处境纳入思考的范畴,那么你就会得到恒久的真情。

人与人的相处需要忘我的精神,你可曾发觉很多人说话的时候主语经常是"我",如果我们都把对方当成主要的,事情定会是另一番景象。人是社会的动物,都需要一份温暖、一份关心、一份慰藉,当对方成功时,我们为何不给予真诚的肯定;当对方偶有失误时,我们为何不选择包容。多站在对方角度上考虑一下,这世界就不会再有忌妒、责难,也不会有人再感到真情需要千呼万唤,它将弥漫在我们身边。

爱因斯坦说:"对于我来说,生命的意义在于设身处地替人着想,忧他人之忧,乐他人之乐。"这是一种怎样宽广的胸怀,让它足以容纳他人的忧和乐,这本身就是一种慈悲,一种人生的大爱!

聪明的人遇事时为他人着想,因为他知道当心中只有自己的时候,也可能把麻烦留给了自己;当心中有他人的时候,他人也就为自己留出了一条宽敞的大道。他们往往从别人的角度出发,先考虑到别人的不方便之处;他们对自己要求很严格,却也有足够的涵养不苛责别人;他们把做人的深髓哲理都赋予了行动。

人生就像春种秋收那样,随着四季的流转,不停地播种和收获。播种不同也将收获不一样的人生。你把目光投向大海,你将得到整个海洋;你把目光投向天空,你将得到整个天空;你用目光穿透黑暗,你也就会收获黎明;你用目光温暖众人,你也将得到众人的关爱。

愿你在生命中播种美好与幸福,在美丽的深秋收获幸福与快乐。让人生的舞台像心胸那样海纳百川,收获整个天地间的温情。

> 与人为善就是善于宽谅。
>
> ——弗罗斯特

 律己宜严,待人宜宽

宽容,是胸襟博大者为人处世的一种人生态度。总是对别人吹毛求疵的人,一定不是个受欢迎的人。

能容天下者,方能为天下人所容。据此看来,你若要彩虹,你就得宽容雨点,若是在雨点滴到身上的那一刻便勃然大怒,又

怎么能在彩虹出现的刹那用一种怡然自得的心情来观赏美丽的风景呢？

森林中有一条河流，河水湍急，不停地打着漩涡，奔向远方。河上有一座独木桥，非常窄，每次只能一个人通过。

一天，东山上的羊想到西山上去采草莓，而西山的羊想到东山上去采橡果，结果两只羊同时上了桥，到了桥中心，彼此碰到了，谁也走不过去。

东山的羊见僵持的时间有些长了，西山的羊照样没有退让的意思，便冷冷地说道："喂，你长眼了没有，没见我要去西山吗？"

"我看是你自己没长眼吧，要不，怎么会挡我的道？"西山的羊反唇相讥。

于是，两只互不相让的羊开始了一场决斗。

"咔"这是两只羊的犄角相碰撞的声音，突然噗通一声，两只羊都失足掉进了水里。没多久，它们就因为不会游泳而被淹死了……

故事中的悲剧结果本来是可以避免的，只要有一只羊后退到桥头，等另一只羊过后再上桥，两只羊便都会平安无事。可悲的是，山羊们都固执地认为狭路相逢勇者胜，不肯宽容和忍让，最终都葬身河底。

"宽以待人"不仅仅是一种待人接物的态度,也是一种高尚的道德品质,它能够化解人和人之间的许多矛盾,增强人和人之间的友好情感。同时,一个人如果能够养成"宽以待人"的优良品德,就一定可以在同他人的相处中,严格要求自己,宽恕地善待他人,不断提高自己的思想境界,使自己成为一个道德高尚的人。

有人说,世上只要有人的地方就有纷争。事实上,若人人能秉持"你好他好我不好,你大他大我最小,你乐他乐我来苦,你有他有我没有"这四句偈语中所包含的精神,人与人必能和谐相处。

所以说,在生活中,遇到像故事中的两只羊的情景,不如各退一步。只要你退一步,对方通常也不会过于刚硬,随即对你退一步。这样一来,原本怒气冲冲的彼此也会和颜悦色起来。无论在生活中还是在工作中,我们都要宽以待人,这样才能收获不一样的风景,收获意想不到的友谊。

> 能忍能让真君子,能屈能伸大丈夫。
> ——谚语

理解和包容他人

根据马斯洛的需求层次理论,尊重和自我实现的需要是人最高层次的需要。人们都有一种"身份"意识,希望得到他人的认可和尊重。只有尊重他人,才能赢得他人的尊重,别人才会跟你交朋友、做生意。

尊重他人将使我们变得更加宽容、乐观，与人更好地接触交流、精诚合作。相反，如果你自视甚高、目中无人，不顾及他人面子，总有一天会吃苦头。

小田和小方在同一单位工作，在工作能力上小田比小方稍胜一筹，这让小方生出一些忌妒。

工作中，小田经常获得奖励，小方最喜欢对他说："脑袋那么好使，叫咱这样的笨蛋脸往哪儿搁呀？"在背后，小方好像开玩笑似的对其他同事说："小田拍马屁的功夫了不得，弄得领导们服服帖帖……"

在一次讨论方案的会议上，小田刚刚说完自己的设想，请大家发表意见，小方就用不阴不阳的口气说："你下了这么大的功夫，搞了这么一堆材料，一定很辛苦，我怎么一句也没听懂呢？是不是我的水平太低，需要小田给我再来讲解讲解？"

顿时，小田的脸就气红了。

显然，小方的话太伤人了。后来，小田升迁，很快就当上了小方的上司。

如果小方不改掉这个毛病，恐怕以后还会得罪更多的人，更不用说跟人友好相处、紧密合作了。

美国诗人惠特曼说过："对人不尊敬，首先就是对自己的不尊敬。"你希望别人怎样对待你，你就应该怎样对待别人。你尊重人家，人家就会尊重你。不尊重别人，刺伤别人的自尊心，并

且让别人恼羞成怒，这样对自己也没有什么好处。与其如此，为什么不换一种眼光，站在对方的立场上想问题，给别人一点尊重呢？要知道，尊重是人际关系的润滑剂，它将使许多问题变得更加容易解决。

克洛里是纽约泰勒木材公司的推销员。他承认，多年来，他总是尖刻地指出那些大发脾气的木材检验人员的错误，他也赢了辩论，可这一点好处也没有。因为那些检验人员和棒球裁判一样，一旦判决下去，他们绝不肯更改。

克洛里虽然在口舌上获胜，却使公司损失了成千上万的金钱。他决定改掉这种习惯，不再抬杠。他说："有一天早上，我办公室的电话响了。一位愤怒的主顾在电话那头抱怨我们运去的一车木材完全不符合他们的要求。他的公司已经下令停止卸货，请我们立刻把木材运回去。因为在木材卸下后，他们的木材检验员报告说，木材不合格。在这种情况下，他们拒绝接受。

"挂了电话，我立刻赶去对方的工厂。在途中，我一直在思考着一个解决问题的最佳办法。通常，在那种情形下，我会以我的工作经验和知识来说服检验员。然而，我又想，还是把在课堂上学到的为人处世原则运用一番看看。

"到了工厂，我见购料主任和检验员正闷闷不乐，一副等着抬杠的姿态。我走到卸货的卡车前面，要他们继续卸货，让我看看木材的情况。我请检验员继续把不合格的木料挑出来，把合格的木料放到另一边。

"看了一会儿，我才知道他们的检查太严格了，而且把检验

规格也搞错了。那批木材是白松。虽然我知道那位检验员对硬木的知识很丰富,但检验白松却不够格,经验也不够,而白松碰巧是我最在行的。我能以此来指责对方检验员评定白松等级的方式吗?不行,绝对不能!我继续观看着,慢慢地开始问他某些木料不合格的理由是什么,我一点也没有暗示他检查错了。我强调,我请教他是希望以后送货时,能确实满足他们公司的要求。

"以一种非常友好而合作的语气请教,并且坚持把他们不满意的部分挑出来,使他们感到高兴。于是,我们之间剑拔弩张的气氛松弛消散了。偶尔,我小心地提问几句,让他自己觉得有些不能接受的木料可能是合格的,但是,我非常小心,不让他认为我是有意为难他。他的整个态度渐渐地改变了。他最后向我承认,他对白松的经验不多,而且问我有关白松的问题,我就对他解释为什么那些白松都是合格的,但是我仍然坚持:如果他们认为不合格，我们不要他收下。他终于到了每挑出一根不合格的木材就有一种罪过感的地步。最后他终于明白，错误在于他们自己没有指明他们所需要的是什么等级的木材。

"结果，在我走之后，他把卸下的木料又重新检验一遍，全部接受了，于是我们收到了一张全额支票。

"就这件事来说，讲究一点技巧，尽量控制自己对别人的指责，尊重别人的意见，就可以使我们的公司减少损失，而我们所获得的则是非金钱所能衡量的。"

解决问题的办法有时候就是这么简单，只要少一点抱怨，多一分尊重，事情就变得简单了。在这里，尊重并不是一种谄媚，而是理解与包容，是一种高明的解决之道，一种自尊自爱的表现。因为只有你尊重别人了，别人才会尊重你，才会觉得你有解决问题的诚意，愿意跟你商谈合作。

面对别人的批评，我们要用诚恳的态度来接受；面对别人的过失，我们不妨多一些理解与宽容；面对别人的疑惑，我们不妨热情地伸出我们的双手。别人就是一面镜子，在尊重他人的言行里，我们可以照出自己的人格，也能照出自己的锦绣前程。

理解绝对是养育一切友谊之果的土壤。

——威尔逊

用刀剑去攻打，不如用微笑去征服

卡耐基培训班的一位学员说："我已经结婚18年了，在这段时间里，从我早上起来，到要上班的时候，很少对太太微笑，或跟她说上几句话。现在，既然我学习了微笑的用处，我就决定试一个礼拜看看。因此，第二天早上梳头的时候，我就看着镜子对自己说：'威尔森，你今天要把脸上的愁容一扫而空。你要微笑起来，现在就开始微笑。'当我坐下来吃早餐的时候，我以'早安，亲爱的'跟太太打招呼，同时对她微笑。

"现在,我要去上班的时候,就会跟大楼的电梯管理员微笑着说一声'早安'。我以微笑跟大楼门口的警卫打招呼。当我跟她换零钱的时候,我对地铁的出纳小姐微笑。当我到达公司时,我对那些以前从没见过我微笑的人微笑。

"我很快就发现,每一个人也对我报以微笑。我以一种愉悦的态度,来对待那些满肚子牢骚的人。我一面听着他们的牢骚,一面微笑着,于是问题就更容易解决了。我发现微笑带给我很多好处,每天都很欢乐。"

微笑是人的宝贵财富,微笑是自信的标志,也是礼貌的象征。人们往往依据你的微笑来获取对你的印象,只要人人都献出一份微笑,人与人之间的沟通将变得十分容易。

现实的工作、生活中,一个人对你满面冰霜、横眉冷对,另一个人对你面带笑容、温暖如春,他们同时向你请教一个工作上的问题,你更欢迎哪一个?显然是后者,你会毫不犹豫地对他知无不言,言无不尽;而对前者,恐怕就恰恰相反了。

一个人面带微笑,远比他穿着一套高档、华丽的衣服更吸引人注意,也更容易受人欢迎。因为微笑是一种宽容、一种接纳,它缩短了彼此的距离,使人与人之间心心相通。喜欢微笑着面对他人的人,往往更容易走入对方的天地。如果说行动比语言更具有力量,那么微笑就是无声的行动,它所表示的是:"你使我快乐,我很高兴见到你。"

有微笑面孔的人,就会有希望。因为一个人的笑容就是他传递好意的信使,他的笑容可以照亮所有看到它的人。没有人喜欢帮助那些整天愁容满面的人,更不会信任他们;很多人顺利融入社会就是从微笑开始的,还有很多人在社会上获得了极好的人缘,也是从微笑开始的。

任何一个人都希望自己能给别人留下好印象,这种好印象可以创造出一种轻松愉快的气氛,可以使彼此结成友善的联系。一个人要想在社会上拥有好人缘,就必须以微笑示人。

有人做了一个有趣的实验,以证明微笑的魅力。

他给两个人分别戴上一模一样的面具,上面没有任何表情,然后,他问观众最喜欢哪一个人,答案几乎一样:一个也不喜欢,因为那两个面具都没有表情,他们无从选择。

然后,他要求两个模特儿把面具拿开,现在舞台上有两张不

同的脸,他要其中一个人愁眉不展并且一句话也不说,另一个人则面带微笑。

他再问每一位观众:"现在,你们对哪一个人最有兴趣?"答案也是一样的,他们选择了那个面带微笑的人。

如果微笑能够伴随我们生命的整个过程,这会使我们超越很多自身的局限,使我们的生命自始至终生机勃发。

用你的笑脸去欢迎每一个人,那么你会成为最受欢迎的人。

> 微笑是两个人之间最短的距离。
> ——维克托·伯盖

给"与众不同"留点空间

圣诞节临近,美国芝加哥西北郊的帕克里奇镇到处洋溢着喜庆、热闹的节日气氛。正在读中学的谢丽拿着一叠不久前收到的圣诞贺卡,打算在好朋友希拉里面前炫耀一番。谁知希拉里却拿出了比她多10倍的圣诞贺卡,这令她羡慕不已。

"你怎么有这么多的朋友?我却没有这么多朋友,你能告诉我收获好朋友的秘诀吗?"谢丽惊奇地问。希拉里给谢丽讲了自己两年前的一段经历:"一个暖洋洋的中午,我和爸爸在郊区公园散步。在那儿,我看见一个很滑稽的老太太。天气那么暖和,她却紧裹着一件厚厚的大衣,脖子上围着一条毛围巾,仿佛正下着

鹅毛大雪。我轻轻地拽了一下爸爸的胳膊说：'爸爸，你看那位老太太的样子多可笑呀！'

"当时爸爸的表情特别严肃。他沉默了一会儿说，'希拉里，我突然发现你缺少一种本领，你不会欣赏别人。这证明你在与别人的交往时少了一份真诚和友善。'

"爸爸接着说，'那位老太太穿着大衣，围着围巾，也许是生病初愈，身体还不太舒服。但你看她的表情，她注视着树枝上一朵清香、漂亮的丁香花，表情是那么生动，你不认为很可爱吗？她渴望春天，喜欢美好的大自然。我觉得这老太太令人感动！'"

希拉里接着说："爸爸领着我走到那位老太太面前，微笑着说，'夫人，您欣赏春天时的神情真的令人感动，您使春天变得更美好了！'

"那位老太太似乎很激动，'谢谢，谢谢您！先生。'她说着，便从提包里取出一小袋甜饼递给了我，'你真漂亮……'

"事后，爸爸对我说，'一定要学会真诚地欣赏别人，因为每个人都有值得我们欣赏的优点。当你这样做了，你就会获得很多朋友。'"

你可能会觉得别人与众不同,并觉得很诧异,但只要换种眼光去捕捉他们身上的这些闪光点,学会真诚地欣赏,你就会惊喜地发现你的周围有很多伙伴,好朋友也越来越多,生活也越来越丰富。

人生离不开友谊,但要得到真正的友谊不容易;友谊总需要忠诚去播种,用热情去灌溉,用原则去培养,用谅解去呵护。
——马克思

第五章

化解矛盾，一分包容
胜过十分责备

包容能避免冲突

这是一场看似普通又极为特殊的世界职业拳手争霸赛。

正在比赛的是美国两个职业拳手,年长的叫卢卡,30岁;年轻的叫拉瓦,25岁。上半场两人打了6个回合,实力相当,难分胜负。在下半场第七个回合,拉瓦接连击中老将卢卡的头部,打得他鼻青脸肿。

短暂的休息时,拉瓦真诚地向卢卡致歉。他先用自己的毛巾一点点擦去卢卡脸上的血迹,然后把矿泉水洒在他的头上。拉瓦始终是一脸歉意,仿佛这一切都是自己的罪过。接下来两人继续交手。也许是年纪大了,也许是体力不支,卢卡一次又一次地被拉瓦击倒在地。

按规则,对手被打倒后,裁判连喊3声,如果3声之后仍然起不来,就算输了。每次都不等裁判将3叫出口,拉瓦就上前把卢卡拉起来。卢卡被扶起后,他们微笑着击掌,然后继续交战。

这样的举动在拳击场上极为少见。

最终,卢卡负于拉瓦,观众潮水般涌向拉瓦,向他献花、致敬、赠送礼物。拉瓦拨开人群,径直走向被冷落一旁的老将卢卡,将最大的一束鲜花送进他的怀抱。

两人紧紧地拥在一起,相互亲吻对方被击伤的部位,俨然一对亲兄弟。卢卡真诚地向拉瓦祝贺,一脸由衷的笑容。他握住拉瓦的手高高举过头顶,向全场的观众致敬。观众更加沸腾了,为这一对相拥在一起的对手欢呼。

真正智慧的人总会包容一切,从而使冲突消弭于无形。包容是一种美德。能够宽容别人的人,可以与各种人和睦相处,同时也可以反映出其自身的人格修养和广阔胸襟。客观地看待自己和他人,同时保持一种谦逊和宽容的精神,是最有利于个人成长的做法。

"原谅别人,才能释放自己。"以宽容为自由的钥匙,你释放了别人,也就释放了你自己。

有一次,公司老总派查尔斯去国外洽谈一个重要的合作项目,并对他说:"你要用人,公司职员随便你挑……"

查尔斯说:"那我要杰克。"这个请求倒是把老总弄糊涂了。杰克的狡猾和贪婪大家有目共睹,坏毛病一大堆,为什么查尔斯要选他呢?

查尔斯对迷惑不解的老总说:"我在外需要公司内部给我提供大量信息和全力支持,本来杰克就参与了这次谈判,不让他去,难保他不眼红。如果他暗中作梗,岂不坏了大事?但是我与他一起合作,分他点功名,他也就不会再为难我。为人为己,我认为这是最好的选择。"

老总听后,明白了查尔斯的深远用意,连称高明。

在生活中有很多事当忍则忍,能让则让。忍让和宽容不是懦弱和怕事,而是关怀和体谅,以己度人,推己及人,我们就能与别人和睦相处,甚至化敌为友。用和平的方式处理生活中的冲突

与愤怒,是最上策,而且,它往往能让你得到更多回报。

> 没有无刺的玫瑰,没有毫无瑕疵的朋友。
> ——谚语

 与他人争执时,学会后退一步

生活中,当我们与他人发生争执时,要懂得后退一步。所谓退一步海阔天空,不无道理。

明朝冯梦龙在《广笑府》中记载了这样一则故事:

从前,有父子二人,性格都非常倔强,生活中从来不对人低头,也不让人,且不后退半步。一日,家中来了客人,父亲命儿子去市场买肉。儿子拿着钱在屠夫处买了几斤上好的肉,用绳子串着转身回家,来到城门时,迎面碰上一个人,双方都寸步不让,也坚决不避开,于是,面对面地挺立在那儿,僵持了很久。

日已正中,家中还在等肉下锅待客,做父亲的不由得焦急起来,便出门去寻找买肉未归的儿子。刚到城门处,看见儿子还僵立在那儿,半点也没有让人的意思。

父亲心下大喜:这真是我的好儿子,性格刚直如此;又大怒:你算老几,竟敢在我父子面前如此放肆。他蹲步上前,大声说道:"好儿子,你先将肉送回去,陪客人吃饭,让我站在这儿与

他比一比,看谁撑得过谁?"

话音刚落,父亲与儿子交换了一个位置,儿子回家去烹肉煮酒待客;父亲则站在那个人的对面,如怒目金刚般挺立不动,惹得众多的围观者大笑不止。

故事很可笑,却告诉我们一个道理:懂得退步,才会有更大的收获。就因为在一些小事上发生了争执,两位大作家列夫·托尔斯泰和屠格涅夫的友情曾中断了17年。

1878年,托尔斯泰在经历了长期的内疚和不安后,主动写信给屠格涅夫表示道歉。他写道:"近日想起我同您的关系,我又惊又喜。我对您没有任何敌意,谢谢上帝,但愿您也是这样。我知道您是善良的,请您原谅我的一切!"

屠格涅夫立即回信说:"收到您的信,我深受感动。我对您没有任何敌对情感,假如说过去有过,那么早已消除,只剩下了对您的怀念。"

一场积聚多年的冰雪终于化解了。不过,此后不久,另一件事又差点使他们的关系再次陷入危机。幸运的是,吃一堑长一智,他们这次都知道如何避开了。

这一年,在托尔斯泰的盛情邀请下,屠格涅夫到勃纳庄园做客。有一天,托尔斯泰请客人一起去打猎。屠格涅夫瞄准一只山

鸡,"砰"地开了一枪。

"打死了吗?"托尔斯泰在原地喊道。

"打中了!您快让猎狗去捡。"屠格涅夫高兴地回答。

猎狗跑过去之后很快便回来了,但却一无所获。

"说不定只是受了伤。"托尔斯泰说,"猎狗不可能找不到。"

"不对!我看得清清楚楚,'啪'的一声掉下去,肯定死了。"屠格涅夫坚持说。

他们虽然没有吵架,但山鸡失踪无疑给两个人带来了不快之感,仿佛二人之中有一个说了假话。可是,这一次他们都意识到不应再争执下去,便把话题转向别处,尽量在愉快的消遣中打发时光。

当天晚上,托尔斯泰悄悄地吩咐儿子再去仔细搜索。事情终于弄清楚了:山鸡的确被屠格涅夫一枪打中了,不过正好卡在了一枝树杈上面。当孩子把猎物带回来时,两位老朋友简直开心得像孩童一般,相视大笑。

可见,人与人出现矛盾时,正确的做法应是求大同、存小异,大事化小、小事化了,以互谅互让的态度而不是用争辩的方法去处理。

有争执时,让步是一种修养。

社会中,人与人之间应相互理解、相互尊重,尤其是在与人讨论、交谈时,对于别人的见解,我们不应轻易否定,即使其见解与你相左。如果能够做到理解别人、体贴别人,那么就能少一分盲目,多一分和谐。

要善于发现别人见解的正确性，只有这样，才能多角度地看问题，就会发现固守自己的思维定式有时是多么的无知和可笑。

因此，无论何时都要注意，别听到不同的观点就怒不可遏。通过细心观察，你会发觉，也许错误在你这一边，你的观点不一定都正确。

在人际交往中，让步是一种常用的处理问题的方式，它不是懦弱、失去人格的表现，而是一种修养。进一尺，有时就必须先做出少许的忍让。主动让"道"是一种宽容，不管什么情况，无谓的争执就是浪费时间。只要能避免徒劳无功的争执，人人都是赢家。

> 报复不是勇敢，忍受才是勇敢。
>
> ——莎士比亚

以宽容化解对方的挑衅

北宋大臣王曾在当宰相前曾经到大名府代替陈尧咨的官职。在开始自己的工作之后，王曾看见官府中有毁坏、倒塌了的房屋，就进行修葺，并不做任何改动；有损坏了或丢失了的器物，就修补或补充得一件不少；原来的政令有不妥的地方，就尽量弥补错漏。掩盖陈尧咨以前做得不对的地方。及至他转任洛阳太守时，陈尧咨重新回到大名府任职，看到王曾所做的一切，不无感慨地说:"王公适合担任宰相,我的度量远远赶不上他呀!"陈尧咨以为过去他们曾经有隔阂,王曾一定会将他的过失公开出来。

王曾拥有宰相的度量,他不计较以往与陈尧咨之间的矛盾,在接替陈尧咨的职务时,他真心实意地完善陈尧咨以往的工作,并且最终用他的真诚感动了陈尧咨。

海纳百川,有容乃大。每条河流在入海的时候都掺杂着泥沙俱下,如果大海很较真,只想要清清的河水却不想要泥沙,那么大海恐怕早已经干涸了。

每个人都处于社会中,都免不了要与他人打交道。有时难免会面对别人的为难与挑衅,冷静分析、保持风度不失为一种良方。

皮特是一家啤酒厂的经营者。一家公司的采购员罗伯特欠皮特 2000 美元啤酒款长期未付。

一次,罗伯特来到啤酒销售部,对皮特大发脾气,抱怨他出售的啤酒质量越来越差,并说市场上骂声一片,人们不会再买他们的啤酒;最后竟说自己欠的那 2000 美元也不付了,原因是皮特出售的啤酒质量一直不怎么样,并表示他所在的公司及他本人不再购买皮特的啤酒等。

皮特听后压住火气,又仔细询问罗伯特一些情况,然后,皮特出人意料地向罗伯特赔起不是来,声称啤酒质量确有不尽如人意之处,最后说:"你的意见,我会尽快向厂部反映的。至于你欠的那 2000 美元啤酒钱,你要是不付,也就算了,谁让我的啤酒一直不争气呢!你说今后你们公司和你本人不再买我的啤酒,这是你们的自由,随你们的便。你说我的啤酒质量有问题,我现在就给你介绍另外两家有名的啤酒厂。"

皮特这一番话确实出乎罗伯特所料。欠账还钱,这是不成文的一种自然法规。罗伯特为了不想还所欠的2000美元,以啤酒质量不好为借口试图堵皮特的嘴。然而,皮特没有单刀直入地正面反驳罗伯特,却用了巧妙的迂回战术,先承认并接受罗伯特的意见,待罗伯特发泄完后,即刻展开攻势,用诚挚的话语,向对方说明啤酒厂的现状及未来的发展前景等。

罗伯特最后被皮特的诚意和坦率征服了,不但继续到该啤酒厂为其所在的公司购买啤酒,而且还动员了另外几家公司,常年向该啤酒厂购买啤酒。

皮特以大度的胸怀容忍了刁钻客户,诚意和坦率打动了罗伯特,罗伯特还为他带来了新的客户。古人云:小不忍则乱大谋。世上不如意之事十之八九,若是事事计较、丝毫不让,只会让我们生活得很不愉快。

> 人的心只有拳头那么大,可是一个好人的心是容得下全世界的。
>
> ——佚名

# 低姿态消融他人忌妒的壁垒

拿破仑曾经说：有才能往往比没有才能更危险；人们不可能避免遇到轻蔑，却更难不变成忌妒的对象。真正聪明的人懂得以低姿态为自己筑起一道防止忌妒的有效堤坝，以免让自己惹祸上身。

古人云：木秀于林，风必摧之。在日常工作中，因为有特殊才能或特殊贡献而冒尖的人，往往容易成为众人打击的对象，因而处于一种无形的压力之下。

莎士比亚曾经说过：妒妇的长舌比疯狗的牙齿更毒。如果我们不能有效化解别人对自己的忌妒，很可能会在不知不觉中失去本该属于自己的天空，所以，必要的时候低一下头，做出一些让步。

当你一旦发现别人对你有忌妒心理时，你可以采取以下几种方法化解：

第一，向对方表露自己的不幸或难言之痛。当一个人获得成

功的时候，有人可能会因此感到自己是个失败者。这构成了忌妒心理产生的基本条件。此时，你若向忌妒者吐露自己往昔的不幸或目前的窘境，就会缩小双方的差距，并且让对方的注意力从忌妒中转移出来。同时会使对方感受到你的谦虚，减弱对方因你的成功而产生的恐惧，从而使其心理渐趋平衡。

第二，求助于对方。一方面，在一些事情上故意退让或认输，以此显示自己也有无能之处。另一方面，在对方擅长的事情上求助于他（她）以此提高对方的自信心和成就感。

第三，赞扬对方身上的优点。你的成功使对方身上的优点和长处黯然失色，于是一种自卑感在其内心油然而生，以至自惭形秽。这是忌妒心理产生并且恶性发展的又一条件。因此，你适时适度地赞扬对方身上的优点，就容易使他（她）产生心理上的平衡。当然对对方的赞扬必须实事求是，态度要真诚。否则他（她）会觉得你在幸灾乐祸，结果不但达不到消除其对自己忌妒的目的，还可能挑起新的战火。

第四，主动接近对方。忌妒常常产生于相互缺乏帮助、彼此又缺少较深感情的人中间。大凡忌妒心强的人，社交范围很小，视野不开阔。只有投入到人际关系的海洋里，才能钝化自私、狭隘的忌妒心理，才会增加容纳他人、理解他人的能力。因此，相互主动接近，多加帮助和协作，增进双方的感情，就会逐渐消除忌妒。

第五，让对方与你分享欢乐。在取得成功和获得荣誉的时候，不要居功自傲，自以为是。真诚地邀请大家一起来分享你的欢乐和荣誉，这样有助于消除彼此之间的紧张气氛。

总之，退一步海阔天空，以低姿态化解别人对你的忌妒，不仅是一种灵活，更是一种内涵和宽容，它可以消融人与人之间的壁垒。

> 以温柔、宽厚之心待人，让彼此都能开朗愉快地生活，这才是最重要的事吧。
> ——松下幸之助

不咎既往，冰释前嫌

面对前嫌，我们可以选择两种处理方式：一种是冰释前嫌，重归于好；一种是耿耿于怀，势不两立。很显然，前者是值得称道的，也值得我们学习。

1902年，刚满8岁的梅兰芳，经人介绍拜见一位姓朱的京剧前辈，想投其门下从师学戏。朱先生看他目光有些灰暗，缺乏光泽，便有点失望，但碍于介绍人的面子又不好推却，于是勉强收了下来。

第二天，朱先生做了几个舞台眼神示范动作让梅兰芳跟着学，见梅兰芳呆板迟钝，毫无灵气，便断定这是一对"死鱼眼"，不可救药。接着又以昆曲开蒙戏《思凡》教其演唱，前两句是"昔日有个目连僧，救母亲临地狱门"。就这两句并不很难的唱词，朱先生教了十几遍，梅兰芳唱得依然还是荒腔走板，极不入耳。

最后,朱先生一气之下把他臭骂了一顿让其回家,并断言"祖师爷没有赏给你饭碗,这辈子你没缘分吃这碗饭"。

回家以后,梅兰芳又经人介绍拜在一位姓乔的先生门下,继续学戏。在乔师父的指导下他勤学苦练,发奋图强,每天对着陶瓷坛子的坛口喊嗓子,望着放飞的飞鸽练眼神儿,看着古画学身段儿,面向墙壁念口白。通过日复一日年复一年的苦练,终于艺臻稔精,11岁登台一鸣惊人,20岁挑班誉满京都。

一天,当初教他的那位朱先生也来看他的戏,看毕大吃一惊,愧悔交集地来到后台向梅兰芳道歉,说自己是"有眼不识金镶玉",求他谅解。梅兰芳当即跪倒在地上说:"师父,您可千万不能这么说,要不是当初您骂我一顿,说不定我还不会有今天呢!"接着问清楚朱先生的住址,第二天便拿着礼品登门看望。其后,一直不断去向这位朱先生问业求教,并在生活上、经济上给朱先生多方照应和孝敬,直到这位老先生去世为止。有人不解地问梅兰芳:当初最看不起您的就是这位老师,如今何必如此孝敬他?梅兰芳却说,对师父应该不计前嫌,应该以礼相待,哪怕是教过自己一天,也应该是"一日为师,毕生为尊"。

梅兰芳一生心胸宽广,不仅是对老师,而且对家人、朋友、

学生都是如此。不计前嫌是一种很高的思想境界，是一种处理彼此积怨的好方法。不论同事之间，还是家人亲友之间，摒弃前嫌，化解已有的矛盾，恢复和谐的人际关系，我们就能在生活中感觉到更多的快乐。

魁先生与格先生在大学读书时是同学，曾为一个女生，魁先生动手打过格先生一顿。毕业后，魁先生求职，鬼使神差地求到格先生所在的公司，而且格先生就是负责人事的部门经理。魁先生一看到格先生，扭头要走，没想到格先生笑着站起来叫住魁先生，诚恳地问魁先生是不是来应聘的。魁先生说："当格先生如此问我时，我似是而非地点了点头，格先生就高兴万分地拥着我，并说能与我一起共事，十分荣幸，而且，中午还主动请我吃饭。在饭桌上，我问格先生是否记得我曾打过他的事，如果记得，当着那些求职应聘者的面损我一回，岂不是可以出气？格先生却说，学生时代的莽撞行为，没必要再提起……在格先生的力荐下，进公司不久，我就升为总裁助理！在格先生看来，我的综合能力要在他之上，其实，我心里清楚，做人的能力，我却远在格先生之下……在一个公司工作，又得到了格先生不计前嫌的帮助，想不把他当成知心的朋友，都不可能了……"

一般人和别人有嫌怨，尤其是受了伤害，本能的反应就是报复。然而，报复虽能发泄怒气，减轻心中的负荷而痛快一时，但永远不能平息伤痛，甚至会激化矛盾，步入冤冤相报的恶性循环中。要解决问题，只有一条路——宽恕。宽恕能使你大肚能容天下难容之事，不计较个人的恩怨得失，从而把自己塑造得更加完美。

"以大度包容,则万事兼济。"现实生活中,包容之心存之,方显得自我大度之气,大度之气存之,人为我友者,就会是真心诚意。

> 生活中有许多这样的场合:你打算用愤恨去实现的目标,完全可能由宽恕去实现。
>
> ——佚名

 拥有雅量,让阳光继续灿烂

漫漫人生路,有太多的不如意,退一步海阔天空,只要不忘记自己的最终使命,你还是你,要能承受别人的嘲笑,这是一种雅量,同时也是一种做人的智慧。

被公认为美国历史上最伟大总统之一的林肯,当选总统的那一刻,令整个参议院的议员都感到尴尬,因为林肯的父亲是鞋匠。

当时美国的参议员大部分出身贵族,自认为是上流、优越的

人,从未料到一个卑微的鞋匠儿子会做总统,于是,林肯首度在参议院演说之前,就有议员羞辱他。

在林肯站上演讲台的时候,有一位态度傲慢的参议员站起来说:"林肯先生,在你开始演说之前,我希望你记住,你是一个鞋匠的儿子。"

所有议员都大笑起来,为能够羞辱到他而开怀。

林肯等到大家的笑声停止,他说:"我非常感谢你使我想起我的父亲,他已经过世了,我一定会记住你的忠告,我永远是鞋匠的儿子,我知道我做总统永远无法像我的父亲做鞋匠做得那样好。"

参议院陷入一片静默里,林肯转头对那个傲慢的参议员说:"就我所知,我父亲以前也为你的家人做鞋子,如果你的鞋子不合脚,我可以帮你改正,虽然我不是伟大的鞋匠,但是我从小跟随父亲学会了做鞋子的技术。"

然后他对所有的参议员说:"对参议院的任何人都一样,如果你们穿的鞋是我父亲做的,而它需要修理或改善,我一定尽量帮忙,但是有一件事是可以确定的,我无法像我父亲那么伟大,他的手艺是无人能比的。"

说到这里,林肯流下了眼泪,所有嘲笑声都化成了赞叹的掌声。

日常生活中,如果你不能接受嘲笑,将会受到别人更多的挑剔和攻击。人生中如果你没有包容嘲笑的雅量,那么你的痛苦将是长久的。

一般人受到嘲笑讥讽,心里总是愤愤不平;然而,正因为愤恨难消,痛苦煎熬也如影随形、挥之不去。如果将面对嘲笑当成对自己心性品格的历练,甚至把此当成锻炼自己、提升自己的机会,心里没有怨恨,自然不会感到痛苦。

我们总是太在意面子、得失,所以才会心绪起伏,患得患失。如果我们在遭受嘲笑后能够站在这样的角度去思考:我不是为了怨恨和烦恼而做这件事的。这样一来,我们不但会去尽力巧妙地化解矛盾,而且自己的心情也变得开朗起来。

拥有雅量,让阳光继续灿烂。只有心胸开阔的人,才真正懂得善待自己、善待他人,他的生活才能充满快乐。

> 量大福也大,心宽屋也宽。
> ——谚语

 把心放宽,学会克制自己

人生活在社会之中,每天都要与不同的人打交道,由于立场不同、个性相异,因此不可避免地会发生分歧、冲突。这些矛盾使人与人之间存在许多不稳定因素,甚至会产生危机,如果处理得不好,对自己和他人都有可能带来损害。

在一个学校的教室里,两个小男生像两只好斗的公鸡,一个揪住对方衣领,一个拽着对方的衣襟,老师的出现,并没有使他们产生松手的念头,有人警告:"老师来了,还不放手?"

局面还是僵持着,但已不再扭打,不再辱骂,渐渐地放下

了手,各自走回自己位置,战争在无声无息中结束了。下课铃响了,"两只公鸡"双双来到办公室,老师以为又出了什么事。

"老师,我错了,我错在得理不饶人,还得寸进尺。"一个学生说。"老师,我也错了,我不该为一点鸡毛蒜皮的小事惹是非。"另外一个学生说。

"怎么会这么快就想通了?"老师问。

"静下来一想,真不该动手,您经常教育我们,要我们宽恕别人,要不我们也得不到宽恕。我想到这句话就知道错了。"两位学生解释道。

"好了,事情的起因、经过、结果,一切都不再追究,当成一种教训吧。来,化干戈为玉帛,握手言欢。"老师高兴地说。

两个学生的手握在一起,还用力顿了两顿。一场矛盾就这样化解了。

生活中,我们常见到有的人因不能克制自己,而引发争吵、骂人、打架,甚至流血冲突的情况。有时仅仅是因为在公交车上被别人踩了一脚,或一句话说得不当,这些都可能成为引爆一场口舌大战或拳脚演练的导火索。

　　阿兰·马尔蒂是法国西南小城塔布的一名警察,一天晚上他身着便装来到市中心的一间烟草店门前。他准备到店里买包香烟。这时,店门外一个叫埃里克的流浪汉向他讨烟抽。马尔蒂说他正要去买烟。埃里克认为马尔蒂买了烟后会给他一支。

　　当马尔蒂出来时,喝了不少酒的流浪汉缠着他索要烟。马尔蒂不给,于是两人发生了口角。随着互相谩骂和嘲讽的升级,两人情绪逐渐激动。

　　马尔蒂掏出了警官证和手铐,说:"如果你不放老实点,我就给你点颜色看看。"

　　埃里克反唇相讥:"你这个混蛋警察,看你能把我怎么样?"在言语的刺激下,二人扭打成一团。旁边的人赶紧将两人分开,劝他们不要为一支香烟而发那么大火。

　　被劝开后的流浪汉骂骂咧咧地向附近一条小路走去,他边走边喊:"臭警察,有本事你来抓我呀!"失去理智、愤怒不已的马尔蒂拔出枪,冲过去,朝埃里克连开4枪,埃里克倒在了血泊中……法庭以"故意杀人罪"对马尔蒂做出判决,判处有期徒刑30年。

　　一个人死了,一个人坐了牢,起因是一支香烟,罪魁祸首却是失控的激动情绪。

　　每个人的情绪都会时好时坏。实际上没有任何东西比情

绪——也就是我们心里的感觉，更能影响我们的生活了。因此，学会控制情绪是我们成功和快乐的要诀。

没有自制，就没有幸福。心情愉快了，人们就感觉到了幸福。心情不愉快，人就没有幸福的感觉。说到底，幸福是人的一种内心感觉，而这个感觉在很大程度上取决于克制。

克制，是调解人际关系的一剂良药，它既是消解剂，又是润滑剂。只有学会克制自己，才能真心去体谅、宽恕、关心和爱别人。

能控制好自己情绪的人，比能拿下一座城池的将军更伟大。

——拿破仑

你的态度，决定了他人的态度

人与人的关系常常是微妙的。有时候，你对一个人不满或者存在一种厌烦的心理，但是你并不希望他能够感受到你对他的不满或者厌烦，还希望他能够在不发现的前提下能够把你当成朋友。

事实上，这种情况几乎是不存在的。我们常说，人与人之间的关系是相互的，你不喜欢别人，往往他的内心也不喜欢你。你很希望与一个人成为朋友，也许他同样受着你的吸引。

这样说来，在处理人际关系中，我们就没有权利去抱怨那些对待自己不友善的人了。在舞会上，如果我们受到了别人的冷

落，就应该想一想，自己是不是也同样没有将目光放在别人的身上，却还过多地希望得到别人的关注？在生病的时候，身边没有人对自己表示关怀，是不是我们也在别人生病的时候表现出了冷漠，伤害了别人渴望友情的心……

一位老人，每天都坐在路边的椅子上，向开车经过镇上的人打招呼。有一天，他的孙女在他身旁，陪他聊天。这时，有一位游客模样的陌生人在路边四处打听，看样子想找个地方住下来。

陌生人走到老人身边时问道："请问，住在这座城镇还不错吧？"

老人慢慢转过来回答："你原来住的城镇怎么样？"

游客说："在我原来住的地方，人人都很喜欢批评别人。邻居之间常说闲话，总之那地方很不好。我真高兴能够离开，那不是个令人愉快的地方。"

摇椅上的老人对陌生人说："其实这里也差不多。"

过了一会儿，一辆载着一家人的大车在老人旁边的加油站停下来。车子慢慢开进加油站，停在老先生和他孙女坐的地方。

这时，一个男人从车上走下来，向老人说道："住在这城镇不错吧？"老人没有回答，问道："你原来住的地方怎样？"

这个男人看着老人说："我原来住的城镇每个人都很亲

切,人人都愿帮助邻居。无论去哪里,总会有人跟你打招呼,说谢谢。我真舍不得离开。"

老人看着这个男人,脸上露出和蔼的微笑:"其实这里也差不多。"

车子开动了。这个男人向老人说了声谢谢,驱车离开。等到那一家人走远,孙女抬头问老人:"爷爷,为什么你告诉第一个人这里很不好,却告诉第二个人这里很好呢?"

老人慈祥地看着孙女说:"不管你搬到哪里,你都会带着自己的态度。任何地方不好或可爱,全在于你自己!"

我们之中总有那么一些人,常常以自我为中心,只看到别人怎么对待自己,却从来不去想自己如何对待别人。有什么事情求朋友,从来都不会想朋友是否有空,是否有更重要的事情去做,或者朋友已经很累了,延迟满足了他的请求,他也觉得自己受到了伤害,是朋友们没有为自己着想。

我们每个人都有自己的生活,朋友也有自己的生活。没有人是单单为了某一个人而存在的。当我们感受到朋友的冷落时,不要总是想着责怪和埋怨,而是要检讨自身,看看自己是否做了过分的事情。维护友情,需要的是相互理解、相互体谅的心。如果一直都从私利出发去要求别人,那么无疑招致别人的反感。因为你如何对待别人,往往别人也会那样对你。

> 当我们拿花送给别人的时候,首先闻到花香的是自己;当我们抓起泥巴抛向别人的时候,首先弄脏的也是自己的手。
>
> ——佚名

多给对方一些谅解

卡耐基认为，谅解在中和酸性的狂暴感情上，有很大的价值。你所遇见的人中，有3/4都渴望得到谅解，那么给他们谅解吧，他们将会爱你。

你想不想学会一个神奇的句子，可以阻止争执，除去不良的感觉，创造良好的氛围，并能使他人注意倾听？那么就以这样开始："我一点也不怪你有这种感觉。如果我是你，毫无疑问，我的想法也会跟你一样。"

像这样的话，会使脾气坏的人软化下来，而且你说这话时，必须要有诚意。

满古是俄克拉荷马州吐萨市一家电梯公司的业务代表。这家公司同吐萨市一家最好的旅馆签有合约，负责维修保养这家旅馆的电梯。

旅馆经理不愿给旅客带来太多的不便，每次维修的时候，顶多只准许电梯停开2个小时。但是电梯修理保养至少要8个小时，而且在旅馆方便停运电梯的时候，电梯公司却不一定能够派出技工。

所以，在维修保养

的过程中，会出现一些难题。为了解决这个难题，满古有一些苦恼，不过他还是决定找这家旅馆的经理谈一谈，因为毕竟他们的目标是一致的，都希望电梯是好的。于是，满古打电话给这家旅馆的经理。

他没有和这位经理争辩，只是说："先生，我知道你们旅馆的客人很多，你要尽量减少电梯停运的时间。我了解你很重视这一点，我们要尽量配合你的要求。不过，我们检查你们的电梯之后，显示如果我们现在不把电梯修理好，电梯损坏的情形可能会更加严重，到时候停运时间可能会更长。我知道你肯定不愿意给客人带来好几天的不方便。"

由于满古表示谅解这位经理要使客人愉快的愿望，便很容易地说服了经理。

可见，在与人交往中，多一点对别人的谅解，更容易引起与他人的共鸣。很多时候，我们会对自己不能理解的事情表示愤怒，可是，当我们开始尝试从对方的角度着想，或者开始对对方表示谅解的时候，我们就会发现，那些曾经让我们为之愤怒的事情，也变得可以理解和接受了。

——一个人只要行为高尚，不管怎样无知也会得到原谅的。
——巴尔扎克

第六章

合作共事，包容大度
方能成就事业

告别"独行侠"时代

工作中,有人自视甚高,以为做事"舍我其谁"。他们喜欢单干,如高傲的"独行侠"一般,以自我为中心,极少与同事沟通交流,更不会承认团队对自己的帮助。

有人也许会有疑问:有些天才就是特立独行,他们也取得了巨大的成就,伟大的成就有时候就是需要别具一格啊!是的,在一些领域里,具有非凡天赋和付出超人努力的人会取得巨大的成就,比如梵·高和爱因斯坦。但是再有才华的人取得的成就也是以前人的成就为基础的,而且在商场中,这样的人是不可能取得长期成功的,苹果电脑的创始人之一史蒂夫·乔布斯正是其中的代表人物。

美国航天工业巨头休斯公司的副总裁艾登·科林斯曾经评价乔布斯说:"我们就像小杂货店的店主,一年到头拼命干,才攒那么一点财富,而他几乎在一夜之间就赶上了。"

乔布斯22岁开始创业,从赤手空拳打天下,到拥有2亿多美元的财富,他仅仅用了4年时间,不能不说乔布斯是有创业天赋的人。然而,乔布斯因为喜欢独来独往、拒绝与人合作而吃尽了苦头。

他骄傲、粗暴，像一个国王高高在上，他手下的员工都像躲避瘟疫一样躲避他。很多员工都不敢和他同乘一部电梯，因为他们害怕还没有出电梯就已经被乔布斯炒鱿鱼了。

就连他亲自聘请的高级主管、优秀的经理人、百事可乐公司饮料部前总经理斯卡利都公然宣称："苹果公司如果有乔布斯在，我就无法执行任务。"

就苹果公司而言，乔布斯确实是一个大功臣，是一个才华横溢的人才，如果他能和手下员工们团结一心的话，相信苹果公司是战无不胜的，可是他选择了"独来独往"，很少与人合作，也极少与同事沟通交流，这无疑成了乔布斯职业生涯的掣肘。

事实上，一个人的成功是渺小的，团队的成功才是最大的成功。对于每一个人来说，谦虚、自信、诚信、善于沟通、团队精神等一些美德是非常重要的。团队精神在一个公司、在一个人事业的发展过程中都是不容忽视的。

"没有完美的个人，只有完美的团队"，这一观点已被越来越多的人所认可。每个人的精力、资源有限，只有在协作的情况下才能达到资源共享。

单打独斗的年代已经一去不复返，只有懂得合作的人才能借别人之力成就自己，并获得双赢。朋友，你想成为真正笑傲职场的英雄吗？那就彻底告别"独行侠"吧。

> 五人团结一只虎，十人团结一条龙，百人团结像泰山。
> ——邓中夏

胸襟开阔才能成就伟业

有一个男孩脾气很坏,为了改变他,父亲给了他一袋钉子,并且告诉他,每当他发脾气的时候就钉一根钉子在后院的围篱上。

第一天,这个男孩钉下了37根钉子。慢慢地,每天钉钉子的数量减少了。他发现控制自己的脾气要比钉那些钉子来得容易些。

终于有一天,这个男孩再也不会乱发脾气了。他告诉父亲这件事,父亲告诉他,现在开始每当他能控制自己的脾气的时候,就拔出一根钉子。

一天天地过去了,最后男孩告诉他的父亲,他终于把所有钉子都拔出来了。父亲握着他的手来到后院说:"你做得很好,我的孩子。但是看看那些围篱上的洞,这些围篱将永远不能恢复成从前的样子。你生气的时候说的话将像这些钉子一样会留下疤痕。如果你拿刀子捅别人一刀,不管你说了多少次对不起,那个伤口将永远存在。"

男孩通过钉钉子和拔钉子,学会了一堂重要的人生之课:学会宽厚容人。人要成大事,就一定要有开阔的胸襟,只有养成了坦然面对、包容他人的习惯,将来才会在取得事业上的成功与辉煌。无论你一生中碰到如何不顺利的环境,遭遇到如何凄凉的境地,你仍然可以在你的举止之间,显示出你的包容、仁爱之心,

你的一生将受益无穷。

胸襟开阔的人，虽然没有雄厚的资产，但其在事业上的成功机会，较之那些虽有资产却缺乏吸引力的人要更多，因为他们不仅会受到别人欢迎，而且更容易得到别人的帮助。

一个只为自己打算盘的人，会受人鄙夷。其实，你可以将自己化作一块磁石，来吸引你所愿意吸引的人到你的身旁，只要你能在日常生活中，处处表现出爱人与善意的精神。假使你打算多交些朋友，你一定要宽宏大量。常去注意别人的长处，不要把别人的缺点放在心上。

心胸宽广的人，懂得处处体谅别人。

——佚名

有多大胸襟就有多大成就

如同千人千面，人的度量也是千差万别的。有的人豁达大度，"将军额上能跑马，宰相肚里能撑船"；有的人睚眦必报，锱铢必较，你碰我一拳，我一定踢你一脚。

人非圣贤，谁能没有七情六欲，即使是"跳出三界外，不在五行中"的佛门中人，也还要常常念叨"出家人以慈悲为怀，善哉"，为的是时时提醒自己宽容大度，何况凡尘中人。

义青禅师正式开示说法前，曾在法远禅师处求法。有一次，法远禅师听闻圆通禅师在邻县说法，便让义青禅师去圆通禅师那里求法。

义青禅师极不愿意,他认为圆通禅师并不高明,又不愿违逆法远禅师,便不情不愿地去了。但到了圆通禅师那里,义青禅师并不参问,只是贪睡。

执事僧看不过去,就告诉圆通禅师说:"堂中有个僧人总是白天睡觉,应当按法规处理。"

圆通禅师一向只听执事僧讲听者的虔诚,还不曾听说谁在堂上睡觉,便很惊讶地问:"是谁?"

执事僧回答:"义青上座。"

圆通禅师想了想,便说:"这事你先不要管,待我去问一问。"

圆通带着拄杖走进了僧堂,果然看到义青正在睡觉。圆通禅师便敲击着义青禅师的禅床呵斥说:"我这里可没有闲饭给只会白天睡大觉的上座吃。"

义青禅师却似刚睡醒般地问道:"和尚叫我干什么?"

圆通禅师便问:"为什么不参禅去?"

义青禅师回答:"食物纵然美味,饱汉吃来不香。"圆通禅师听出义青禅师话里的机锋,说:"可是不赞成上座的有很多人。"

义青禅师则胸有成竹地回答:"等到赞成了,还有什么用?"

圆通禅师听其言谈,知其来历一定不凡,就问:"上座曾经在哪处求法?"

义青禅师回答:"法远禅师。"

圆通禅师笑道:"难怪这样顽赖!"

随之,两人握手,相对而笑,再一同回方丈室。圆通禅师因此而名声远扬。

一个人度量的大小,固然与他的思想修养、道德水平、文化

程度、社会经历乃至脾气性格都有关系,然而远大的理想抱负和广博的境界则是开阔胸襟的根本元素。

义青禅师在圆通禅师面前的行为,多少显示出对圆通禅师的轻视,圆通禅师在询问过程中不会没有察觉。倘若圆通禅师没有容人的雅量,不能对义青禅师的轻慢一笑置之,估计义青禅师是免不了被扫地出门的。

所谓有容乃大,忍者无敌。很多时候一个人之所以能够被人敬仰、受人尊敬,不在于他的能力有多高、相貌有多体面、知识有多渊博,而在于他有宽广的胸襟,能够容人之不能。这种人,不会因他人对自己的轻慢,而轻易否定他人。

> 心胸豁达,足能涵万物;心胸狭隘,无能容一沙。
> ——安东尼奥·波尔基亚

求同存异,才能双赢

包容,是海纳百川,是泽被万物,是接受彼此的差异,求同存异,是和谐共处。

有一种共命鸟,这种鸟只有一个身子,却有两个头。有一天,其中一个头在吃野果,另一个头则想饮清泉,由于清泉离野果的距离较远,而吃野果的头又不肯退让,于是想喝清水的头十分愤怒,一气之下便说:"好吧,你吃野果却不让我喝清水,那么我就吃有毒的果子。"结果两个头都同归于尽。

有一条蛇,它的头部和尾部都想走在前面,互相争执不下,于是尾巴说:"头,你总在前面,这样不对,有时候应该让我走在前面。"

头回答说:"我总是走在前面,那是按照早有的规定做的,怎能让你走在前面?"

两者争执不下,尾巴看到头走在前面,就生了气,卷在树上,不让头往前走,它趁着头放松的机会,立即离开树木走到前面,最后掉进火坑被烧死了。

无论是两头鸟还是头尾相争的蛇,因为不懂求同存异这个道理,最终导致两败俱伤,受到伤害的终究还是自己。如果那只鸟的一个头能够先让另一个头喝到水,再过去吃鲜果,那自己不是也没有什么损失吗?只是哪个先哪个后的问题。实际上人有时候和这两头鸟一样,不愿意让自己的利益受到一点点的损失,别人的一点要求也不能满足,所以到头来自己也一无所获。

这世上的事物千差万别,人与人之间也存在着众多的差异,生活背景、生活方式、个性、价值观等的差异,我们要学会相互尊重、相互包容、求同存异、真诚相对,而不必强求一致。

正是因为这种差异的存在,在客观上便要求我们要做到"求同存异",即在寻找相互之间共同之处时,也要尊重相互之间客观存在的差异性,从而实现相互之间的合作。因此,要做到求同存异,尊重是基础,而且还需要有耐心、能包涵、心胸开阔。如果能将这一条与取长补短、开诚布公协调运用,那么,不仅双方

能表达得更为舒畅，而且还能从中学到不少的东西。

总之，在生活和工作中，我们该本着"求同存异"的原则与他人相处。寻找人与人之间的共同点往往是我们打造良好人际关系的开始，也是求同存异的前提条件，并且在共同点的基础之上相互尊重对方的差异，只有这样才能与对方进行合作，并且最终获得双赢。

> 求同存异，才能共赢。
> ——佚名

能够包容人，才能被更多人接纳

"地势坤，君子以厚德载物。"这句话被国学大师张岱年先生称赞为国学精华的一颗明珠。而今这句话被广为推崇，它的字面意思是：大地是宽广、包容万物的，君子就应当像大地一样，有厚重的道德能容忍万物。张岱年先生是这样解释这句话的：厚德载物是一种宽容的思想，对不同意见持一种宽容的态度，对中国的思想、学术、文化、社会的发展都起着很大的作用，宽容的态度在中国文化里面起着主导作用，是一种健康正确的思想。

中华民族能够长盛不衰，中华文明能够历久弥新，就在于我们的民族精神里闪耀着宽容大度的光辉。从汉朝昭君出塞与呼韩邪单于和亲，到文成公主千里入西藏与松赞干布成婚，再到唐太

宗对俘获的东突厥首领颉利可汗宽容以待，成就万国来朝的盛世气象……中华民族的历史无不闪耀着宽容的光芒。宽容大度的态度，一直流淌在我们中华民族的血液中。正是这股血液，成就了中华民族的博大精神，使华夏古国得以永远年轻。

对于国家、民族来说，宽容能使国家强盛、民族强大。对于个人来说，宽容能使一个人得到他人的信服和帮助，宽容能成就一个人伟大的理想。

服装界有名的商人马亮是一个善于容人的经营者，他的成功就和自己善于包容不同个性的人才有很大关系。

马亮刚入服装行业的时候，有一次他拿着样衣经过一家小店，却无缘无故地被店主讥讽嘲笑了一通，说他的衣服只能堆在

仓库里，再过10年也卖不出去。马亮并未反唇相讥，而是诚恳地请教，店主说得头头是道。

马亮大惊之下，愿意高薪聘用这位高人。这人不仅不接受，还讽刺了马亮一顿。马亮没有放弃，运用各种方法打听，才知道这位店主居然是一位极其有名的服装设计师，只是因为他自诩天才、性情怪僻而与多位上司闹翻，一气之下发誓不再设计服装，改行做了小商人。

马亮弄清原委后，三番五次登门拜访，并且诚心请教。这位设计师一开始仍然是劈头盖脸地骂他，坚决不肯答应。马亮毫不气馁，常去看望他，经常和他聊天并给予热情的帮助。这位怪人到最后也不好意思了，终于答应马亮，但是条件非常苛刻，其中包括他一旦不满意可以随意更改设计图案，允许设计师自由自在地上班等。

果然，这位设计师创造的效益巨大，帮助马亮建立了一个庞大的服装帝国。

从这个小故事中，我们可以看出宽容的巨大作用。你待人宽宏，你就能得到别人的感激和回报。如果你待人刻薄，不懂宽大为怀、宽能容人的道理，在生活中你就会孤立无援。这位设计师的脾气不可谓不怪异，甚至有点恃才傲物，但是马亮慧眼识金，懂得他的价值所在，对他的缺点和不足一一宽容，使他帮助自己走上了事业的成功之路。

"地势坤，君子以厚德载物"，大地因为宽广，才容得下山川草木、森林河流。一个君子就应该从大自然中得到启发，培养自己宽容的胸襟，牢记"厚德载物"这一国学精华的古训。在现实生活中，用自己的一举一动践行"君子以厚德载物"的人生信条。

> 不会宽容别人的人，是不配受到别人的宽容的。
> ——佚名

放宽心态，冷静处事

虽然说没有竞争就没有进步，可是现实中，有些人为了争权夺利而不择手段，陷入恶性竞争当中。

胡雪岩创业之初很担心因为同行的恶性竞争而阻碍自己事业的发展，所以在他经营阜康钱庄的时候，就一再发表声明：自己的钱庄不会挤占信和钱庄的生意，而是会另辟新路，寻找新的市场。

这样一来，属于同一行业的信和钱庄，不是多了一个竞争对手，而是多了一个合作伙伴，心中的顾虑消除了，信和钱庄自然很乐意支持阜康钱庄的发展。在后来的发展中，阜康钱庄遇到发展危机的时候，信和能够主动给予帮助，也是因为当初胡雪岩"不抢同行盘中餐"的决定。

在阜康钱庄发展十分顺利的时候，胡雪岩开始涉足军火生意。这种生意利润很大，但是风险也大。胡雪岩借助朋友的帮

助,很快进入军火市场,也做成了几笔大生意。这样一来,胡雪岩在军火界的名声也就越来越响了。

一次,胡雪岩打听到一个消息,说外商将引进一批精良的军火。消息一确定,胡雪岩马上行动起来了,他知道这是一笔大生意,所以赶紧找外商商议。凭借高明的谈判技巧,他很快与外商达成了协议,把这笔军火生意谈成了。

可是,这笔生意做成不久,外面就有传言说胡雪岩不讲道义,抢了同行的生意。胡雪岩听了后,赶紧确认。原来,在他找外商谈军火一事之前,有一个同行已经抢先一步,以低于胡雪岩的价格买下了这批货,可是因为资金没有到位,还没来得及付款,就让胡雪岩以高价收购了。

弄清楚情况以后,胡雪岩赶紧找到那个同行,跟他解释说自己是因为不知道,所以才接手了这单生意的。他甚至主动提出,这批军火就算是从那个同行手中买下来的,其中的差价,胡雪岩愿意全额赔偿。那个同行感动不已,感叹胡雪岩是个讲道义的人。

协商之后,胡雪岩做成了这单生意,同时也没有得罪那个同行,在同业中的声誉比以前更高了。这种通融让他消除了在商界发展的障碍,也成了他日后纵横商场的法宝。

冷静面对竞争,不要让忌妒冲昏头脑。在商场上,竞争尤为激烈。有的人为了达成自己的目的,往往是万般手段皆上阵。有时候,为了挤走同行业的竞争者,甚至会出现价格大战、造谣中伤等情况,但是如果因为竞争而造成了成本不足,导致产品的质量下降,直接受损失的还是自己。

同行业之中,存在着很多的竞争。有些人为了自身的发展,常常会跟别人进行比较,看到别人发展得顺利,而自己却失意,心中自然会不舒服、产生怨恨。

为了寻找心理上的平衡,这些人可能会运用不正当的手段进行报复,甚至会在暗地里做一些不光明的事情,阻碍对方的发展。这样做次数多了,自然逃不过别人的眼睛。心里不平衡而暗地里做小动作,阻碍自身和别人的发展,不如放宽心态、冷静处事,寻求双赢。

若不团结,任何力量都是弱小的。

——拉封丹

 合作，才能共赢

有时候我们会在心中把一支优美的乐曲分割成一个个的音符，然后对着每一个声音自问：我是被它征服的吗？答案没有悬念，任何一个再美好的音符也很难刹那间触动人的心弦，而当所有音符跳跃的节奏与心灵合拍时，紧闭再久的心门也会霎时敞开，这就是音乐的神奇魔力。

人与人就像音符与音符一样，完美的融合才能产生完美的效果。若我们只顾个人利益而忽视了整体的和谐，一串夹杂着尖锐而突兀的声音的音乐又怎么能带来丝毫的美感？

曾经有一个戏剧爱好者，他不顾亲朋好友的反对，毅然选择一处并不热闹的地区，修建了一所超水准的剧院。

剧院开幕之后，非常受欢迎，并带动了周围的发展。附近的餐馆一家接一家地开设，百货商店和咖啡厅也纷纷跟进。

没有几年，剧院所在的地区便成为商业繁荣地带。

"看看我们的邻居，一小块地，盖栋楼出租就能挣很多的钱，而你有这么大的地，却只有一点剧院收入，岂不是吃大亏了吗？"

那人的妻子对丈夫抱怨："我们何不将剧院改建为商业大厦，也做餐饮百货，分租出去，单租金就比剧场的收入多几倍！"

那人也十分羡慕别人的收益，便将自己的剧院改建商业大楼。不料楼还没有竣工，邻近的餐饮百货店纷纷迁走，更可怕的是房价下跌，往日的繁华不见了。而当他与邻居相遇时，人们不但不像以前那样对他热情，反而露出敌视的眼光。

面对现实的境况，那人终于醒悟，是他的剧院为附近带来了繁荣，也是繁荣改变了他的价值观，更由于他的改变，又使当地失去了繁荣。

世界上的事物都是互相联系、互为因果的，我们谁也不可能孤立存在，更不可能孤立干成一件事。人与人之间天生存在着一种合作关系，这本是最简单不过的道理，不过越是简单的道理，却越容易令人忽视，很多人就像是故事中的剧场主人一样，为了自己一时的利益而忽视了整体的普遍利益，最终反而会失去更多。

成功的人大多都有与人合作的精神，因为他们知道个人的力量是有限的。只有依靠大家的智慧和力量才能办成大事。合作可加速成功，合作可以帮人渡过困境。所以，凡事不要太计较，当你为大家的普遍利益付出了自己的心血时，就一定会得到更美好的回报。

单个的人是软弱无力的，就像漂流的鲁滨逊一样，只有同别人在一起，他才能完成许多事业。

——叔本华

# 学会与不喜欢的人相处

　　学会和不喜欢的人合作办事，是一种技巧，更是一种智慧。人往往喜欢与自己志趣、脾气相投的人接近，同样也就远远地躲开那些自己不喜欢、不愿意打交道的人。然而，生活中没有那么多的顺心顺意，也不可能有那么多人都能够与自己脾气相投。由于各种各样的原因，我们经常要与自己不喜欢的人，甚至是与自己敌对的人打交道，这就需要你抛开一时的成见，具有长远的见地，用真诚的态度对待每一个人，包括你不喜欢的人。

　　哈蒙曾被誉为全世界最伟大的矿产工程师，他从著名的耶鲁大学毕业后，又到德国弗莱堡攻读了3年。毕业回国后，他去找美国西部矿业主哈斯托。哈斯托是个脾气执拗、注重实践的人，他不太信任那些文质彬彬的专讲理论的矿务工程技术人员。

　　当哈蒙向哈斯托求职时，哈斯托是这样说的："我不喜欢你的理由就是因为你在弗莱堡做过研究，我想你的脑子里一定装满了一大堆傻子一样的理论。因此，我不打算聘用你。"于是，哈蒙假装胆怯，对哈斯托说道："如果你不告诉我的父亲，我将告诉你一句实话。"

　　哈斯托表示自己可以答应他，于是，哈蒙便说道："其实在弗莱堡时，我一点学问也没有学到，我尽顾着实地工作，多挣点钱，多积累点实际经验了。"

哈斯托听后,立即哈哈大笑,连忙说:"好!这很好!我就需要你这样的人,那么,你明天就来上班吧!"

聪明的人在与不喜欢的人相处时,或是面对不同意见时,会聪明地做些让步。每当一个争执发生的时候,他们总是会想:关于这一点能否做一些让步而不损害大局呢?因此,无论在什么时候,与不喜欢的人相处合作的好方法,就是在小的地方让步,以保证在大的方面取胜。

让步并不代表妥协,而是为了赢取更大的胜利。聪明的人,也会在各种情况下与不喜欢或者不相投的人平和地相处。这就是一种睿智。世界如此之大,而联系却异常紧密,谁能保证自己与对手之间没有合作的可能?

> 不管努力的目标是什么,不管他干什么,他单枪匹马总是没有力量的。合群永远是一切善良思想的人的最高需要。
> ——歌德

第七章

多点包容，爱情才会走得更久远

 换位思考,获得甜蜜生活

每天油盐酱醋茶,天天面对,少了激情,少了浪漫,少了先前相互之间的体贴。这种平淡让你错以为自己不再爱对方,于是燃烧起爱上他人的火焰,可是到头来才觉醒"蓦然回首,那人却在灯火阑珊处"。

女人有了外遇,要和丈夫离婚。丈夫不同意,女人便整天吵吵闹闹。没有办法,丈夫只好答应妻子的要求。不过,离婚前,他想见见妻子的男朋友。妻子满口答应。

第二天一大早,女人便把一个高大英俊的中年男人带回家来。

女人本以为丈夫一见到自己的男朋友必定气势汹汹地讨伐。可丈夫没有,他很有风度地和男人握了握手。然后,他说他很想和她男朋友谈一谈,希望妻子回避一下。女人只得听从丈夫的建议。站在门外,女人心里七上八下,生怕两个男人在屋内打起来。然

而事实证明,她的担心完全是多余的。几分钟后,两个男人相安无事地走了出来。

送男友回家的路上,女人忍不住问:"我丈夫和你谈了些什么?是不是说我的坏话。"男人一听,停下了脚步,他惋惜地摇摇头说:"你太不了解你丈夫了,就像我不了解你一样!"

女人听完,连忙申辩道:"我怎么不了解他,他木讷,缺少情趣,家庭保姆似的,简直不像个男人。"

"你既然这么了解他,就应该知道他跟我说了些什么。"

"说了些什么?"女人非常想知道丈夫说的话。"他说你脾气不好,易暴易怒,结婚后,叫我凡事顺着你;他说你胃不好,但又喜欢吃辣椒,叮嘱我今后劝你少吃一点辣椒。"

"就这些?"女人有点吃惊。

"就这些,没别的。"

听完,女人慢慢低下了头。男人走上前,抚摸着女人的头发,语重心长地说:"你丈夫是个好男人,他比我心胸开阔。回去吧,他才是真正值得你依恋的人,他比我更懂得怎样爱你。"说完,男人转过身,毅然离去。

自从这次风波过后,女人再也没提过"离婚"二字,因为她已经明白,她拥有的这份爱,就是世界上最好的。

每个人都期盼能和生命中的另一半演绎一场轰轰烈烈的爱情,然后在漫长的生活中成为知己。但是,生活久了,你会发现,在这个世界能找个心心相印的异性非常不容易,找个一辈子相依相守的伴侣更是难上加难。

有时候，我们不该总是对对方寄托太多的期望，总是要求这样那样，这样时间久了，自然会给对方带来很大的心理压力，同时也可能会让其产生逆反心理。试着站在对方的角度想一想，你就会发现，原来很多时候的争吵，都是不值得的。你的心里多了一分理解，你的生活也就多了一分甜蜜。

爱情中的换位思考会使感情达到另一种境界！

——佚名

接纳悔过的爱人

什么是爱？爱就是宽容。如果你还爱着他（她），为什么不能原谅他（她）曾经的过错，接纳悔过的爱人呢？

人们常用"好马不吃回头草"来形容失去爱情后的立场。说这种话的人其实是不懂得爱情真谛的人。他们考虑的可能是面子问题、志气问题。当对方回心转意了，你虽然也还爱着对方，但还是会因死要面子不肯再接受对方，结果落得个劳燕分飞，这就是死要面子的结果。

枫和丽在大学时相恋。丽不仅长相漂亮，而且风雅别致，富于幻想。枫是班长，文采极佳。他们经过了一段浪漫的交往之后，毕业时双双南下，各自找到了适于自己施展才能的单位。一年后，他们通过分期付款的形式买了一套住房。也就是在这时，

家庭的小舟不知是哪儿出现了毛病,竟不再向前行驶。

他们冷战,然后离婚。当两人打车去民政局的时候,心里都很难受,但事情已经闹到这个地步了,两人还是签了字。

离婚后,枫没结婚,丽也没有找男朋友,尽管他们都还很年轻。有一次,丽的妈妈发现女儿躲在房间里哭,就叹了一口气:"真是冤家呀!你还挂念着他吧!干脆,我牺牲自己的老脸,去帮你说说?"

没想到,丽怎么也不肯:"哪有女方主动的呀!"其实,枫的日子也不好过,他总会想起丽来,一个人躲在家里喝闷酒。

一个朋友打趣说:"枫!你不是打算和丽复合吧?好马可是不吃回头草的呀!"被说中了心事的枫微怒起来:"谁说我要回头的?下辈子也别想!"这句话不知怎么就传到了丽的耳朵里,半年后,丽结婚了,那一天,枫跑到海边大哭了一场。

"好马不吃回头草",这句话不知使多少人丧失了找回真爱的机会。太多的人在面临感情的反复时,往往意气用事,明知心中还喜欢对方,却硬要强撑着,不肯低头,不肯回头。其实,在面临回不回头的问题时，你要考虑的不是面子问题和志气问题，而是现实问题。如果你还爱她，如果你还留恋那段美好的感情，为什么不"回头"去试试呢？

如果你还爱着对方，何苦要为所谓的"面子"所累，理会别人的议论和想法呢？幸福是自己的，只要那"草"的确适合自己，真正的"好马"是不会在意"回头"与否的，因为不"回头"才是真正的遗憾！

> 爱情是两个人的，不必在乎别人的看法，只需在乎自己内心的感受。
> ——佚名

逝去的爱需要被原谅

歌曲《有一种爱叫放手》中写道：浪漫如果变成了牵绊，我愿为你选择回到孤单，缠绵如果变成了锁链，抛开诺言。有一种爱叫作放手，为爱放弃天长地久，我们相守若让你付出所有，让真爱带我走。

两情相悦的情感才叫爱情，当一方感受到痛苦，我们与其纠缠不放，最后两败俱伤，不如坦然放手，包容这段逝去的爱情，为对方也为自己留有一段美好的回忆。

一个周五的早晨，格兰的礼品店依旧开门很早。格兰静静地

坐在柜台后边,欣赏着礼品店里各式各样的礼品和鲜花。

忽然,礼品店的门被推开了,走进来一位年轻人。他的脸色显得很阴沉,眼睛浏览着礼品店里的礼品和鲜花,最终将视线固定在一个精致的水晶乌龟上面。

"先生,请问您想买这件礼品吗?"格兰亲切地问。可是,年轻人的眼光依旧很冰冷。"这件礼品多少钱?"年轻人问了一句。

"50元。"格兰回答道。

年轻人听格兰说完后,伸手掏出50元钱甩在柜台上。格兰很奇怪,自从礼品店开业以来,她还从没遇到过这样豪爽、慷慨的买主呢。

"先生,您想将这个礼品送给谁呢?"格兰试探地问了一句。"送给一位新娘,她明天就要结婚了。"年轻人依旧面色冰冷地回答着。

格兰心里咯噔一下:什么,要送一只乌龟给新娘,那岂不是给她的婚姻安上一颗定时炸弹?格兰沉重地想了一会儿,对年轻人说:"先生,这件礼品一定要好好包装一下,才会给你的新娘带来更大的惊喜。可是今天这里没有包装盒了,请您明天早晨再来取好吗?我一定会利用今天晚上为您赶制一个新的、漂亮的礼品盒……"

"谢谢你。"年轻人说完转身走了。

第二天清晨，年轻人早早地来到了礼品店，取走了格兰为他赶制的精致的礼品盒。年轻人匆匆地来到了结婚礼堂，但新郎不是他而是另外一个年轻人！他快步跑到新娘跟前，双手将精致的礼品盒捧给新娘，而后转身迅速地跑回了自己的家中，焦急地等待着新娘愤怒与责怪的电话。在等待中，他的泪水扑簌簌地流了下来，有些后悔自己不该这样做。

傍晚，婚礼刚刚结束的新娘便给他打来了电话："谢谢你，谢谢你送我这样好的礼物，谢谢你终于能明白一切，能原谅我了……"电话的那边新娘高兴而感激地说着。年轻人万分疑惑，他什么也没说，便挂断了电话。但他似乎又明白了什么，迅速地跑到了格兰的礼品店。推开门，他惊奇地发现，在礼品店的橱窗里依旧静静地躺着那只精致的水晶乌龟！

一切都已经明白了，年轻人静静地望着眼前的格兰。而格兰依然静静地坐在柜台后边，冲着年轻人轻轻地微笑了一下。

终于，年轻人在这瞬间被改变成一种感激与尊敬："谢谢您，谢谢您让我又找回了我自己。"

格兰笑着说："先生，过去的就让它过去吧，您的宽容会为一对新人带来幸福的。"

年轻人抬起头问道："我想知道我送给他们的究竟是什么？"

"是两颗连在一起的水晶心。"格兰淡淡地答道。

故事中的年轻人，差点因为怨恨而犯下了错误，他也为自己的冲动而感到万分的后悔，心绪不宁。怨恨和忌妒往往会让人迷失自己。愤恨就像心中的野兽，会吞噬我们的快乐与良知，而宽恕是人性的美德，宽恕可以使日常生活多些润滑，少些摩擦，它使人去除偏执、愤怒与冷漠。给别人多一些宽恕，自己也会获取幸福与快乐。

在爱情中我们应该明白，如果爱走到尽头，没有挽回的余地，那就让它离开，爱过了也是一种人生。人生苦短，何不领略别处风景？如果实在难以割舍，那么告诉自己，放手也是一种解脱。时间会告诉你，生活并不需要无谓的执着，千万不要把自己困在愤懑的牢笼中，而应用一颗宽容的心去成全他人，也成全自己人生的美丽风景。

学会放手，你的幸福需要自己来成全。

——佚名

适当迁就爱人也是一种包容

婚姻是人生最重要的结盟。家庭就是最佳的智囊团，当一对夫妇身心合一、目标一致时，这个无价的结合可以令他们飞向无限的高峰。

胡汉辉与太太杨铭榴在抗日救亡运动中相识后，俩人感情日益深厚。每每讲起自己的太太，胡汉辉就立即变得眉飞色舞。

"我老婆好迁就我。我中意游泳，她不会，就猛学。暑期日日去金银贸易场泳棚苦练。我家里，除了我再没人吃辣子，但是

我就中意川菜,于是她又去学,专煮川菜,同咖喱一起煮给我吃。她完全适应着我的嗜好。"

那时,胡太太从"汉文师范"毕业以后,一直在学校教书,后来又做香港职业学校的女校长,对教育事业很有感情。但胡汉辉的业务日益庞大,便向太太求助,要她先别教书来帮帮忙。"这样她连退休金都不要,辞了职就来帮我。"

除了这些为了丈夫事业的牺牲外,她对胡汉辉事业也有过不小帮助。胡汉辉是在广州读的书,英文知识有限,而杨铭榴是个高才生,所以起初胡汉辉与外商谈判时,身边总少不了太太"保驾",久而久之,她便成了胡汉辉得力的"外交大臣"。胡汉辉富裕后,她与以前一样,一点没有阔太太的架子,不但持家朴素,上班也依旧坐公交车,也很少披金挂银。

胡汉辉在事业如日中天时因病去世,他的太太继承了他的事业,并把他的事业推上了一个更高的台阶。

在婚姻中,互相迁就是维系婚姻关系的一项重要原则。彼此迁就其实也是对对方的一种尊重与欣赏,是相互之间的体谅。这样的婚姻能令双方都有愉悦的心情工作与生活。

中国自古崇尚夫妻间相敬如宾、举案齐眉,这样,夫妻间就能够做到相互体谅、互相尊重。作为女人,最能体现她的气度与智慧的就是对丈夫的迁就。迁就丈夫,为他创造良好的家庭环境,让他在回到家中时能完全放松身心,对他的事业是一项重要的助力。

话虽如此,女人在迁就男人的同时,应该保持一定的自我原则,不可不论对错都一味忍让。盲目服从的爱情不能称为伟大的爱情,真正的爱情是相爱双方有原则地妥协与体谅,单方面的牺牲,只能造成单方面的爱,甚至是单方面的伤害。

在婚姻里,应该多为对方想一想,不要因为自己的任性而破坏家庭的幸福。婚姻是爱情的归宿,我们都要学会经营,从心底学会善待对方。女人嫁给一个爱自己的人是幸福的。在他面前撒娇的同时,请不要忘记为他建设一个心灵的栖息地,让他能够感受到有你的快乐。

> 爱情里没有完全合适的两个人,只有互相迁就、互相忍让的两颗心。
> ——佚名

 爱情需要善意的谎言

爱人之间理应真诚相待,来不得虚伪和欺骗,但如果每件事都得实言相告,每一句话都不掺半点虚假,则不仅不能为爱情增添欢乐,反而还会使原本和睦温馨的关系出现裂痕。

有些男人,在遇到某些与前女友扯上关系的事情时,会情不

自禁想起她的"坏",同时还直言不讳地讲给现任女友听,这无疑会给现任女友造成心理阴影。如果他说旧恋人的"好",则现任女友的心理反应是:为什么你又爱我?同时,在这心理发展之下,此男人将会碰到许多的麻烦,日后也不会安宁。

过去的恋情没必要告诉现在的恋人,属于过去恋情的痕迹也不应该出现于现在恋人的眼前。不管对于恋人多么信任,许多事情,如果没有说的必要,最好让它永远成为秘密,这当然也是为了彼此着想。必要时,更要为爱情而编织谎言,这往往能收到很好的效果。恋爱中的男女之间,谎言的作用更是好比润滑剂一般。

"每次和你约会时,总是在衣柜里翻半天,老觉得每件衣服都不好看,真觉得自己有点发神经了……"这种谎言,是一种俏皮、可爱的谎言,更深远的意思,已经在无言中流露出来了,对方必定会为你所动。

有的女性会为自己的男友着想,担心对方的经济能力不够,因此,在约会的时候说:"不知道怎么回事,我对出租车有畏惧感"或"每次坐在高级餐厅或咖啡厅时,我总觉得浑身不自在,似乎那种地方太过于庄严,不适合我呢。说起来,我还是喜欢坐在阳台上欣赏夜色,吃自己煮的面,这样比较没有拘束感"。若对方真的没有充裕的经济条件,听到这些话,一定会为女方的温存体贴而感动。

和恋人在一起谈话时,为了留给对方好印象,应想办法修饰自己。例如,在讨论学术方面,谈到了某作者的书,事实上你只读过他写的两本书,可是知道这个作者出了五本书,这时,你不妨说:"我曾看过他写的五本书,每本都写得很精彩。"那你在对方心目中的地位无形中就提高了。不过,要注意的一点是,在你讲过这句话之后,应尽快利用时间,到书店将其他三本书买回去,仔细阅读。如此,才不会露出马脚,同时也可以增加知识。

爱情里,在不涉及大局、无关"宏旨"的一些琐事上,有时不妨以"谎言"来营造一种温情脉脉的氛围。

> 爱情中,善意的谎言可以给生活增添色彩。
> ——莎士比亚

偏见会左右"真相"

二十几岁是女人一生最浪漫的时候,在这个时候我们大多会遇到适合自己的他(她),然后与他(她)携手一起步入婚姻的殿堂。俗话说"家和万事兴",家庭和睦了,你才会有精力专心于你的事业,但是,当感情发展到要谈婚论嫁的时候,一定要谨慎地做出自己最后的决定,不要信奉什么择偶标准之类的话,要去除常见的选择偏见。

一些女孩往往受经验、社会传闻及在此基础上形成的社会心理结构的影响和干扰。选择恋爱对象也是一样,社会评价、他人的选择标准、从传闻中获取的爱情知识和对方信息都会严重影响女孩的眼光。在不能正确对待并且不能排除干扰的情况下,许多女孩就会有一些选择偏见。

在选择对象时,有很多女孩凭"刻板印象"办事。有人曾给一位女孩介绍对象,她一听到对方是位中学教师,就表示不同意。她说:"教师的生活单调、清苦,办事没有优越感。"这纯粹是陈旧的社会刻板印象,教师中也不乏兴趣广泛、才华横溢、颇受学生尊敬的现代青年,并不是人们所想象的"老夫子",女孩死抱陈腐的刻板印象不放,错过了好姻缘。

以下两点往往就是"刻板印象"的表现:

1. 第一印象

有些女孩可能会根据同别人见面时,第一眼看到对方的形象和风度,或第一次与对方谈话留下的印象来判断男人,而对男人的评价又决定着择偶的方向。如果对方给自己的第一印象不错,比如长相好、有气派、有风度等,那这个男人很可能成为"候选人";相反,如果第一印象很差,那就会马上"刹车"。可是如果仅凭第一印象就给对方下定义,很可能会错过一段很好的姻缘。

2. 先入为主的印象

女孩在选择对象时,往往受先入为主的印象的影响,尤其是通过"红娘"牵线的恋人。因为"红娘"会在两人见面之前吹嘘一番,激发两人相会。这样,两人各自都有了关于对方的先入为主的印象。有的女孩因为对某男有了不好的先入印象,就不想同对方见面,或见面之后,只注意到其弱点而失去兴趣;相反,有的女孩则因为事先有比较好的先入印象,在两人的接触和交往中,只注意对方的优点和长处,而忽略其弱点和缺陷。因此,先入印象的好坏直接影响女孩对对方的认知、交往的可能与效果。没有主见的女孩容易受先入为主印象的影响,因为她们容易接

受、相信社会舆论和受他人左右。

女孩在选择对象时，一定要睁大眼睛，仔细观察和了解。特别是要在与对方的直接交往中认识对方，而不能偏信人言，人云亦云。要把自己的实地考察和直接交往的体会与别人的意见相结合。

"男才女貌"是封建社会中"门当户对"的婚姻标准的一个辅助条件。在当今社会中，二十几岁的女孩应该考虑选择志同道合、情意相投的男人为自己的终身伴侣，千万不要让"偏见"左右了你的视线。

爱情无须言作媒，全在心领神会。
——哈佛格尔

没有堤坝的河流，迟早会干涸

俗话说，七年之痛，十年之痒。小丽和丈夫结婚10年了，他们的婚姻却依旧平平淡淡的。丈夫是个不懂浪漫的人，情人节别人的老公都知道制造一些小浪漫，或是送鲜花，可是丈夫却不懂得在情人节买玫瑰给小丽。在他眼里，这些华而不实的东西，还不如买点菜，改善一下伙食呢。

小丽生日时，丈夫也不懂得买礼物给她，他认为只要真心待她就是好的，而且他懂得家是什么，懂得"婚姻"是沉甸甸的责任。

也正是因为这样，小丽觉得生活很是踏实，婚姻虽然平淡了点儿，但也算是幸福的。

  一位作家说:"如果说婚姻是河流的话,那么责任便是这条河流的堤坝,没有责任的婚姻,必然如没有堤坝的河流一样,迟早会泛滥崩塌,或者流尽干涸。"

  在婚礼上,当新郎给新娘戴上结婚戒指的时候,牧师都会按照惯例问道:"无论生病或健康、富有或贫穷,你都愿意爱她、关心她、照顾她,直到离开这个世界为止吗?"这句话告诉人们,责任与爱是婚姻的基础,如果没有责任,爱就会枯萎。

  婚姻的责任就是投入到对方的怀抱里,两颗心贴在一起变成一颗心;家庭的责任是要为对方做出奉献,使对方感受到自己的努力并因此获得幸福、健康和安宁。

  得失与共,荣辱同当。爱人失意的时候也正是你落魄的时候,每当你露出微笑的时候也正是爱人开心的时候,这才是真情。

  爱情和婚姻不是某个人付出、某个人享受,而是两个人的事情。当遭受不幸时,我们都能够在风雨中继续前行,这是因为有爱,有了爱的滋润我们才能够坚持到最后。不要总是抱怨对方给予自己的太少，因为既然相约一起走，不论是苦是累，都要一起承担、一起分享。

爱情与婚姻是家庭的纽带，家庭是爱情与婚姻的摇篮，责任是家庭的支柱，是爱情与婚姻经久不衰、百折不摧的力量与源泉。

长相守才能长相知，长相知才能不相疑。不论何时，夫妻都该如此，共同承担家庭的责任。

有人说："情如鱼水是夫妻双方最高的追求，但是我们都容易犯一个错误，即总认为自己是水，而对方是鱼。"自私者无法获得和谐的家庭。只有共同承担，才可能在收获硕果的时候，一起欣慰地微笑。

> 爱情中的责任是相互的，既然选择了，就要一起承担。
> ——佚名

 爱情也需要温柔的灌溉

挖苦和讽刺不会使婚姻变得幸福；相反，只会使婚姻走向死亡。

法国著名微生物学家巴斯德，在他27岁时，写信给洛郎先生，向他女儿玛丽小姐求婚。他在信里坦率地说他家境贫寒，没有财富，算是一个穷汉。同时，他还给玛丽小姐写了一封求爱信，也说明自己很穷，并说："小姐，我要请求您，不要判断得太

快。判断得太快是会犯错误的……"

3个月后,巴斯德如愿以偿,和玛丽小姐结婚了。

结婚后,巴斯德夜以继日地工作着,忘却了一个丈夫的责任和应有的殷勤。巴斯德从事许多奇异的、似乎愚蠢的试验。巴斯德夫人,整夜地等候着、惊异着……巴斯德确实很穷,工作条件很差,没有助手,连一个洗瓶子的人都没有。巴斯德夫人总是温柔地坐在他的身旁。每晚,她坐在直背椅上,身靠小桌,为他记录科学论文。

巴斯德夫人所做的一切,使巴斯德深深感动,当他问及夫人,同他结婚是不是苦了她,她是不是后悔时,夫人回答说:"结婚前你已经告诉我这一切,我现在更了解你的一切。"

了解，使巴斯德夫人理解了她丈夫的一切行动。渐渐地，她学会了摘记巴斯德记事簿里的潦草的速记，并整理成文。很快，她的生命也逐渐融入到他的工作里去了。

巴斯德结婚后，没有给妻子带来更多的体贴、恩爱和富足；但是，他的夫人对他却那样忠诚，毫无怨言。这种温柔让巴斯德无比感激，也无比珍爱。他虽然还是很忙，但总会忙里偷闲来安慰自己的妻子。

爱情需要温柔而非责难，"柔能克刚"这是亘古不变的道理。可是在现实生活中，很多人都是责备，而不是用心理解，用心去温润彼此。

也许我们在对方面前表现得很强势，说的话也句句在理，可是对方在保持沉默的同时，一定会产生逆反心理，时间久了，夫妻之间就会产生隔阂，甚至形成裂痕。

婚姻生活里，两个人都是平等的，如果一方总是习惯于指责，那么另一方就会心生芥蒂，或者对于爱情，双方已经感觉到了厌倦，一旦这样想，两个人也就会对生活感觉到疲倦，从而有可能放弃彼此之间的爱情。

只有温柔才能温润爱情，强硬的攻击只会让相爱的人彼此误会、彼此伤害。所以，要想两个人幸福地在一起，就应该给对方一些理解和鼓励，而非连珠炮似的责难。

> 人心不是靠武力征服，而是靠爱和宽容征服。
> ——斯宾诺莎

猜疑、忌妒是咬噬爱情之树的蛀虫

诗人纪伯伦曾说:"恋爱和疑忌是永不交谈的。"100多年前,拿破仑三世,即巨人拿破仑的侄子,爱上了全世界最美丽的女人——特巴女伯爵玛利亚·尤琴,并且和她结了婚。

他们拥有财富、健康、权力、名声、爱情、尊敬——一切堪称完美。他的爱情从未像这一次燃烧得这么旺盛、狂热。

不过,这样的爱情之火很快就变得摇曳不定,热度也冷却了——只剩下了余烬。拿破仑三世可以使尤琴成为一位皇后,但不论是他爱的力量也好,帝王的权力也好,都无法阻止这位法兰西女人的猜疑和忌妒。

由于她具有强烈的忌妒心理,竟然貌视他的命令,甚至不给他一点私人的空间。当他处理国家大事的时候,她竟然冲入他的办公室;当他讨论重要的事务时,她却干扰不休。她不让他单独一个人坐在办公室里，总是担心他会跟其他的女人亲热。

她常常跑到她姐姐那里，数落她丈夫的不好。她会不顾一切地冲进他的书房，不停地大声辱骂他。拿破仑三世虽然身为法国皇帝，拥有十几处华丽的皇宫，却找不到一个安静的地方。尤琴这么做，能够得到些什么？莱哈特的巨著《拿破仑三世与尤琴：一个帝国的悲喜剧》中这样写道：于是，拿破仑三世常常在夜间，从一处小侧门溜出去，头上的软帽盖着眼睛，在他的一位亲信的陪同之下，真的去找一位等待着他的美丽女人，再不然就出去看看巴黎这个古城，放松一下自己压抑的心情。的确，尤琴是坐在法国皇后的宝座上，也是世界上最美丽的女人。但在猜疑和忌妒的毒害之下，她的尊贵和美丽并不能保持住她那甜蜜的爱情。

人们常说，恋爱中的人们，智商趋近于零，特别是热恋中的人。

恋人中最为常见的两种表现是忌妒和猜忌过重，这两种心态，不仅影响爱情的顺利发展，而且也影响到个人形象问题，它直接损害一个人的自我形象，是有损于爱情生活的。因此，每一个恋爱中的人，都要警惕这两只咬噬爱情之树的蛀虫。

唯有包容，才能让爱情之树常青。

——佚名

第八章

家和万事兴，彼此包容
才能营造爱的港湾

完美婚姻可"欲"而不可求

如果只看到太阳的黑子，那你的生活将缺少温暖；如果你只看到月亮的阴影，那么你的生命历程将难以找到光明；如果你总是发现朋友的缺点，那么你的人生旅程将难以找到知音，只看所拥有的，不看所没有的，就能活在阳光里，找到生命的真谛。

有人曾把婚姻分为四种类型：可恶的婚姻、可忍的婚姻、可过的婚姻和可意的婚姻。第一种因为其质量的低劣让人忍无可忍，肯定是要解散的；而最后一种则是理想的婚姻，我们常用一个词来形容：神仙眷侣。但是这种婚姻就像一见钟情的爱情，可遇而不可求。我们的婚姻，大多是可忍或可过的。它是不完美的，有缺陷的，是让人心酸而无奈的，继续下去不甘心，放弃又有太多的牵绊。它是我们心头的一个刺，隐隐地痛着，又拔不出来。

放弃可恶的婚姻能轻易为自己找到足够的理由，并因此获得勇气。但放弃可过、可忍的婚姻，则需要一点破釜沉舟的果断。当然，还要有一些冒险精神——谁知道，这是给自己一个机会，还是把自己逼向更危险的悬崖。许多离了数次婚又结了数次婚的人，还是没有找到他们理想的生活伴侣，这样的局面让他们沮丧，甚至没有勇气再试一次。

现在离婚者一般不需要什么理由了，如果非得给自己找理由，那就是："我们在一起，没有感觉了。"也许，在我们看来，他们的婚姻至少是风平浪静的,是可以心平气和过下去的,但当事人却觉得快窒息了,要逃离出来。他们是一群完美主义者,他们在寻找一种理想的婚姻状态,他们采取的是一种置之死地而后生的做法——先断掉自己所有的退路之后,再去找一条通向幸福的捷径。

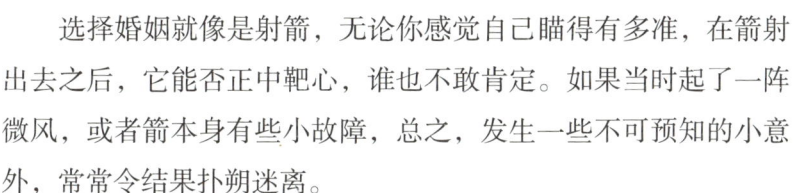

选择婚姻就像是射箭,无论你感觉自己瞄得有多准,在箭射出去之后,它能否正中靶心,谁也不敢肯定。如果当时起了一阵微风,或者箭本身有些小故障,总之,发生一些不可预知的小意外,常常令结果扑朔迷离。

其实,婚姻是一种有缺陷的生活,那些所谓的完美无缺的婚姻只存在于恋爱时的遐想里。如果你总希望自己完美无缺,假设你的这一愿望真的能如愿以偿,那么你最大的缺点就是没有缺点。

当然,那些婚姻屡败者也许还固守着这个残破的理想。上帝总有些苛刻,或者说公平,他不会把所有的幸运和幸福降临在一个人身上,有爱情的不一定有金钱,有金钱的不一定有快乐,有快乐的不一定有健康,有健康的不一定有激情……向往和追求美满精致的婚姻，就像花园里的玫瑰不会在一个清晨全部怒放。

欲想放弃或破坏婚姻不如建设婚姻。许多被大家看好的婚姻因为当事人的漫不经心、吹毛求疵、急不可待可能很快就破碎了；而那些在众人眼里并不被看好的婚姻，因为两个人用心、细致、锲而不舍地经营，就如一棵纤弱的树，后来居然能枝繁叶茂、郁郁葱葱。可忍或可过的婚姻大抵也是如此，当事人稍一怠慢，它可能很快就会枯萎、凋零。而双方如果用一种积极的心态去修补、保养、维护，也许奇迹就会发生。

有人说，静物是凝固的美，风景是流动的美；直线是流畅的美，曲线是婉转的美；喧闹的城市是繁华的美，宁静的村庄是淡雅的美。生活中处处都有美，只要你有一双发现美的眼睛，有一颗感悟美的心灵。也许离婚对于某些人来说是一种解脱，但是离婚也并非是一种最佳的选择。因为，它并不意味着离理想的婚姻更近一步。美满的家庭生活需要悉心经营，我们不仅要爱家人，还要讲究爱的方式和技巧。

婚姻则是一座花园，是需要用心呵护和耕耘的，如果随意对待，花园内就会杂草丛生、一片荒芜。而要想花园内四季风景怡人，花草鲜美，你就要成为一个辛勤的园丁，精心地培育这块芳草地。

> 一个美满的家庭，有如沙漠中的甘泉，涌出宁谧和安慰，使人洗心涤虑，怡情悦性。
>
> ——兰尼

 包容与理解是美满婚姻的保障

婚姻是一份承诺、一份责任,夫妻之间应该互相关爱、互相信任、互相了解、互相包容,要像光一样照耀对方,像火一般温暖另一半。婚姻需要一点点忍让,带有一点点相依和相知,这样的婚姻才能长久。

曾有人说:"不管你是才华横溢,还是富甲一方,就像船只总要靠岸一样,我们每个人都需要一个为自己遮风挡雨的港湾,那便是家。当你快乐时,家是乐园;当你痛苦时,家是心灵的诊所,家的温暖会抚平你那受伤的心。"

我们从家庭得到无尽的真情和关爱,家庭修正着我们的劣性,治疗着我们的创伤。没有家庭,我们便感受不到生命的温馨。然而,是不是每一个家庭都充满温馨呢?恐怕不尽然。

家庭的形成,先是由夫妻双方进行结合而开始的。没有夫妻就没有子女,也就很难称得上是一个家。所以婚姻的美满是家庭幸福的伊始和关键。一段美好的婚姻能够成全男女双方,因为他们在感情上美满,情绪自然高昂,做起事来也就顺畅,即便遇到困难,但在爱人的鼓励下,也会变得再次充满干劲。而一段失败的婚姻,往往会毁了两个人,甚至整个家庭。

俄国大文豪托尔斯泰和夫人都出身名门望族,原本家庭的优越应是每个人都感到自豪的事情,这却恰恰成了托尔斯泰与夫人

之间产生难以逾越的鸿沟的罪魁祸首。

托尔斯泰是历史上著名的作家,他的《战争与和平》和《安娜·卡列尼娜》两部小说,在文坛享誉盛名。

托尔斯泰备受人们爱戴,他的赞赏者甚至终日追随在他身边,将他所说的每一句话都快速地记录下来。即使他说了一句"我想我该去睡了"这样平淡无奇的话,也都给记录了下来。除了美好的声誉外,托尔斯泰和他的夫人有财产、有地位、有孩子。他们的结合,似乎是太美满、太热烈,所以他们跪在地上,祷告上帝,希望能够继续赐给他们这样的快乐。

然而,托尔斯泰渐渐地改变了。他变成了另外一个人,他对自己过去的作品竟然感到羞愧。从那时候开始,他把剩余的生命贡献于写宣传和平、消弭战争和解除贫困的小册子。他曾经替自己忏悔,自己在年轻的时候,犯过各种不可想象的罪恶和过错。他要真实地遵从耶稣基督的教训。他把所有的田地给了别人,自己过着贫苦的生活。他去田间工作、砍木、堆草,自己做鞋、自己扫屋,用木碗盛饭,而且尝试尽量去爱他的仇敌。

托尔斯泰的一生是一幕悲剧,而拉开这幕悲剧的便是他不幸的婚姻。他的妻子喜爱奢侈、虚荣,可是他却轻视、鄙弃这些。她渴望着显赫、名誉和社会上的赞美,可是托尔斯泰对这些却不屑一顾。她希望有金钱和财产,而他却认为财富和私产是一种罪恶。

妻子时常吵闹、谩骂、哭叫,因为托尔斯泰坚持放弃他所有作品的出版权,不收任何的稿费、版税。可是,她却希望得到这些财富。当托尔斯泰反对她时,她就会像疯了似的大喊大叫,倒在地板上打滚。她手里拿一瓶鸦片烟膏,要吞服自杀,同时还恐吓她丈夫,说要跳井。

本来托尔斯泰的家庭是非常美满的,然而从妻子开始吵闹的那一刻起,他的心灵从没一刻获得过平静。经过48年的婚姻生活后,他已无法忍受再看自己的妻子一眼。

在某一天的晚上,这个年老伤心的妻子跪在丈夫膝前,央求他朗诵50年前他为她所写的最美丽的爱情诗章。

当他读到那些描述以往美丽、甜蜜日子的语句,想到现在一切已成了逝去的回忆时,他们都激动地痛哭起来。

在托尔斯泰82岁的时候,他再也忍受不住家庭折磨的痛苦,在1910年10月的一个大雪纷飞的夜晚,离开他的妻子走出了家门,走向酷寒、黑暗,不知去向。11天后,托尔斯泰患上了肺炎,病倒在一个车站里。他临死前的请求是,不允许妻子来看他。

这时,托尔斯泰的妻子才对当初的行为感到深深的悔恨。在她临死前,她向她女儿忏悔说:"你父亲的去世,是我的过错。"

她的女儿们没有回答,而是失声痛哭起来。她们知道母亲说

的是实话,她们的父亲是在母亲长久的批评和抱怨下去世的。

有人曾这样看待家庭中的争吵,笑称它是家庭中"激烈的沟通方式"。其实这种看法不无道理。在每一个家庭中,摩擦不可避免,若是将对彼此的不满都埋在心里,日积月累,便如沉寂的火山在积淀岩流,很有可能在某一天于一个小小的裂缝中迸发而出,然后一发不可收拾。然而这种"激烈的沟通方式"也要选择形式,若是无理取闹,任何人都无法忍受。

夫妻双方偶尔的摩擦实属寻常,毕竟生活是在磨合中度过的,不过婚姻最需要的就是温馨。相互恩爱,相互诚恳,相互理解,相互容忍,付出真情,不掺杂私心。这才是真正的爱情,才是真正的婚姻。有了这样的婚姻生活,人们何愁生活不美满、日子不快乐?

> 以温柔、宽厚之心待人,让彼此都能开朗愉快地生活,才是最重要的事。
>
> ——松下幸之助

婚前睁两只眼,婚后闭一只眼

很多女人都会感慨,结婚以前和结婚以后生活会发生很大的变化,心理上也会跟着发生调整。比如,结婚以前,因为担心自己的未来,总是格外地挑剔自己的另一半。结婚以后,就开始专

心经营自己的这份感情,慢慢地变得宽容和温柔了。

这样做是对的。女人就应该在婚前睁两只眼,婚后闭一只眼,对丈夫宽容,给予他足够的心理空间,这样的婚姻才能幸福。

在婚姻中,给丈夫面子,不是让女人委曲求全,而是要给丈夫体面的自尊,这样既有助于家庭和睦,又有助于女人得到丈夫更多的关心和体贴。

男人在外打拼,劳累、委屈他都可以不在乎,但他不能失去男人的尊严。许多女孩在谈恋爱时,她们的男朋友可能会用玩笑般的口气告诉她们:"在人后我听你的,在人前你可得给我留点面子。"确实,男人就是这样好面子的"动物"。女孩只要不违背原则,暂时委屈一下,给男人一点面子又何妨呢?常言说:"量大福大。"大度的女人也更令男人加倍地尊重她。

在现实生活中,有些妻子并不了解男人的这种心理,有时候,不自觉地把在家里的威风也带到家外,当众显示自己对丈夫

的管束，自以为很舒服。这样做便会出现两种结果：一是，如果丈夫当众听命于夫人，丈夫就会感到很狼狈，威信扫地，使他们成为交际场合中被人戏弄的对象，这自然有损于他们的交际形象。二是，如果丈夫不满她们的指使，做出反抗的表示，又难免产生矛盾，甚至成为家庭矛盾的导火索。

总之，不管哪一种情况，结果都是不好的。

聪明的女人是绝不会这样做的。聪明的女人懂得在什么场合、在什么时候应该给丈夫面子，把握这种分寸也是有技巧的。大家不妨参考以下几条。

1.适当时候不妨示弱

有一位先生开了一家餐馆，生意兴隆。一日，餐厅打烊又遇妻子河东狮吼。该先生情急之中逃至桌下，恰好客人返回来寻找丢失的东西，正好撞上，进退两难甚感尴尬。这时，八面玲珑的妻子急中生智拍了拍桌子："我说抬，你要扛，正好来帮手了，下次再用你的神力吧！"该先生顺着妻子的话，直夸夫人想得周到，一场面子危机轻松得到化解。

2.待他不妨谦和些

有时候，你要求对方听你的，但他不一会按照你的要求去做，当我们希望得到既定的结果时，一定要考虑对方的接受程度。比如：他在刷过牙后总忘记把牙膏盖盖上，你就多说几句"请记得盖上"，而不要向他频频甩出"不要""不准"之类的话语，只有这样，他才会欣然接受，而不会恼羞成怒。

3.聪明的女人家里家外有所区别

不管你在家里如何对待老公，一旦涉及他的面子问题时，一定要给他足够的面子,如此才能获得"高额回报"。

4. 陪他一起流泪

其实男人很累,背负各种责任和义务,他们需要关怀。在他志得意满时,请给予他足够的欣赏;当他遭遇了不公和挫折时,不妨陪他一起流泪,然后尽快忘却,旧事不提。

5. 聪明的女人多"练心"

记住,不是"操心"而是"练心",如果你想给足男人面子,要多多"练心",即加强你的修养、你的谈吐、你的容颜、你的智慧、你的笑容,让对方为你着迷,为你自豪。

> 婚姻生活,要半睁眼半闭眼,天下没有十全十美的男女,如果眼睛睁得太久,恐怕连上帝身上都能挑出毛病。
> ——佚名

婚姻需要宽容来磨合

当结束一段感情的时候,我们常常会在好友聚会中抱怨自己为何总是遇人不淑,可是,却没有太多的人会从自己身上寻找原因。

在许多童话故事中经常可以看到这样的情节:公主和王子相恋了,然后结

了婚,"从此以后,就过着幸福快乐的生活"。然而,现实生活并非如此,家庭是需要经营的,而且是用宽容来经营,否则便没有幸福可言。

江天和方惠是通过自由恋爱认识的,有情人终成眷属。但是他们却没有像童话故事那般,从此过上了快乐和幸福的生活。

结婚多年,方惠对家庭中那"一地鸡毛,诲人不倦"可真是深有感触。结了婚,不知怎么会有那么多的事情要做,有那么多的琐碎要打理,而江天身上更是突然间冒出了许多毛病,让她应接不暇。方惠本是满腔热情、心怀憧憬地投入到小家庭建设当中的,可是丈夫经常出现的一些"状况"总是给她当头泼一盆凉水,浇熄了她的热情,浇灭了她的憧憬。

丈夫在外面时堪称帅哥白领,西服笔挺,干净利落。可回到家里,却原形毕露,穿着短裤,光着膀子,甚至几天不梳头不洗脸。他会把烟灰弹得到处都是,衣物随地乱放。他会小便完不冲水就立即奔到电视机前观看球赛或上网冲浪。

他每次看书写文章时,总是把书和纸摊得满屋都是,把原本整洁的房间弄得乱七八糟,让她看到就心烦。好心为他收拾以后,反而引起他的不满,不是哪页纸丢了就是哪本书不见了,总要和她争得面红耳赤。他睡觉时梦话连篇,有时还会"夜半歌声"。

有一回,睡到半夜,江天不知道梦见了什么暴力事件,突然起腿踢了方惠一脚,差点把她踹到床下。这件件桩桩,真是和他有数不完的气要生。

而江天对妻子也是有一肚子的不满,特别是对妻子每次出门时都拖拖拉拉、磨磨蹭蹭的做法很有意见。虽然嘴上没说，心中却老大不舒服，总想找机会刺刺妻子，消消积怨。

有一天晚上，江天买好了妻子最喜欢的音乐会票，兴冲冲赶到家里时，方惠正在做晚饭。江天一进门就嚷："快，快，晚饭别做了，快换好衣服上路。这是你最喜欢的，速度快一点，否则来不及。"

方惠听到丈夫把"你最喜欢的"说得特别响，把"快"强调得非常突出，感到很不自然，没吭一声，继续做饭。

"嗨，你怎么啦，想不想去啊！？"江天看到她不为所动，不由得有点急了。

"不想。"方惠冷冷地、轻轻地回答。

这下可惹怒了江天，他满心不平，为了她，他才下班后就急急忙忙赶到音乐厅买票，人多极了，自己费了九牛二虎之力

才买到了两张,又怕误时,打了出租车赶回来,到门口时一着急还差点儿摔了一个跟头,结果落了个吃力不讨好,真倒霉!江天一怒之下,当着妻子的面把门票撕了,丢进了垃圾桶,独自回房看书了。

在这之后,类似的矛盾不断发生,而江天和方惠都没有及时想办法解决,最终导致了他们婚姻的解体。

夫妻关系是一个家庭的基础关系,也可以称得上是家庭关系中最微妙、最难处理的一种关系。两个原本陌生、没有任何关系的人,只因情投意合,便共同构筑了一个家庭的城堡,心甘情愿地将自己禁锢在了围城之内。可是,两个人毕竟来自不同的环境,拥有不同的思想和观点,要长期地共同生活在一起,自然会产生许多摩擦与碰撞,引起各种矛盾与冲突。

夫妻间有一段不合拍的过程是正常的,为生活琐事拌几句嘴、小打小闹是不可避免的。这时应该学会忍耐,不要互相埋怨、数落对方的不是。当双方发生冲突和摩擦时,要设身处地为对方着想,避免自己在情绪恶劣的状态下做出伤害对方的事情来。

总之,当感受到对方已经身心疲惫的时候,就应该低下头去,握住对方的手,用自己的体贴温暖对方。在对方疲惫的时候,给予一点体贴和谅解,往往更能温润彼此的心。

> 婚姻中,低头是创可贴,是感冒药,是一剂温和的处方。
> ——佚名

唠叨是家庭幸福的致命伤

使人服气的不是命令,而是你的人格魅力。即使是对方有所不满,我们最好也要尝试与之沟通,而绝非任意责骂与强制命令。

罗斯福深得其子女的爱戴,这是众所周知的。

有一次,罗斯福的一位老友垂头丧气地来找罗斯福,诉说他的小儿子居然离家出走,到姑母家去住了。这男孩本来就桀骜不驯,父亲把儿子说得一无是处,又指责他跟每个人都相处不好。

罗斯福回答说:"胡说,我一点儿都不认为你儿子有什么不对。不过，一个人如果在家里得不到合理的对待，他总会想办法在其他方面得到的。"

几天后，罗斯福无意中碰到那个男孩，就对他说："我听说你离家出走，是怎么回事？"男孩回答："是这样的，上校，每次我有事找我爸爸，他都会发火。他从不给我机会讲完我的事，反正我从来没有对过，我永远都是错的。"

罗斯福说："孩子，你现在也许不会相信，不过，你父亲才真正是你最好的朋友。对他来说，你是这世上最重要的人。"

"也许吧！上校，不过我真的希望他能用另一种方式来表达。"接着罗斯福去告诉那位老友，发现几乎令其惊讶的事实，他果然正像他的儿子所形容的那样暴跳如雷。于是，罗斯福说："你看！如果你跟你儿子说话就像刚才那样，我不奇怪他要离家出走，我还觉得奇怪他怎么现在才出走呢？你真是应该跟他好好谈一谈，多跟他沟通才是。"

凡事不要总是发牢骚。得理不饶人，是人最大的弱点。放人一马，前路更宽。一个人在喋喋不休的时候，可能面目可憎，可能情绪失控，这种时候，他身上平时所有的优点都会显得黯淡无光。唠叨像毒蛇的毒汁侵蚀着人们的生命，侵蚀着幸福的天堂。没有人会愿意同一个唠叨的人过一辈子。

如是你总是唠唠叨叨，抓着人家的辫子不放，那么对方会因你的这种行为而产生更加抵制的情绪。久而久之，哪怕你的道理再正确，他也无法听进去，于是你们之间便会失去有效的沟通渠道。

唠叨有时也让人觉得你对他并不尊重，故事中的父亲正是由于只知道对儿子发脾气、抱怨，才使得儿子觉得自己在家里得不到合理的对待。

因此在遇事时，不要一上来就开始唠叨，如果有什么不满的地方，尽量先创造一个和谐的气氛，让对方也有说话的空间，这样你的意见不但能够得到表达，而且问题也能够得到有效的解决。

家庭生活中，难免有不同意见和争执，这时，要懂得让步。
——佚名

 善待自己的妻子

有人在对待妻子的方式上给出了这样一个聪明的建议："第一，理解妻子；第二，要有耐心。在外面，你自己的事情可能遇到了很大的麻烦和困难；但是，你不要把一张愁容满面或眉头紧皱的脸带回家，要知道你的妻子可能有更多的不顺心，尽管都是一些琐碎的小事，但也可能到了令她难以忍受的程度。在这个时候，一句可亲的安慰话、一个温柔的眼神、一次真诚的拥抱，都会令她心头的阴霾散尽，重新焕发容光。"

要细心留意你的妻子为了你的舒适而做的一切。不要把它们看成是理所当然的事情，同时，不要刻意去寻找那些你认为她应

该做而没有做的事情；不要在这些漏洞上斤斤计较。

不要以冷漠来对待妻子真挚而热切的情感，更重要的是，不要认为服从于她的愿望便有损于作为"男人"的尊严。你曾这样想过吗？如果没有，那么当你在"妥协让步"面前感到为难时，仔细地想一想。这样，当你看到你妻子倾尽全力把你的愿望当成自己的愿望时，你便会有更多的理解和宽容。

不要和你的妻子争执，因为这样会使她认为你不再爱她。她很容易误会你那习惯性的、心不在焉的态度和行为。你应当更有男子气概一些，这样她就会尊敬你、信赖你，为自己把终身托付于你而感到欣慰。

弗朗西斯·威德说："毫无疑问，婚姻也为破坏另一个人的生活提供了更大的可能。没有任何一个人会像她的丈夫那样如此致命地贬低、侵扰和毁坏一个女人，也没有任何一个人会像他的妻子那样毁灭一个男人的抱负和雄心，销蚀他的活力。只有一个男人娶了一个恶女人，才会使他永久地丧失信心和希望；同样，也没有比一个女人遇人不淑更糟糕的事情了。"

正如乔治·艾略特所说的，对于两个人，还有什么事情能比在生活中互相扶持、合二为一更好的呢？工作时，他们可以相互鼓劲；悲伤时，他们可以互相安慰；伤痛时，他们可以相互缓解；寂寞时，他们可以聊天抚慰；即使分别时，也可以留下难以言表的美好回忆。每个人都可能是很好的另一半，但单独的个人不可能是一个完美的整体。只有在两个互不适合、彼此抵触的个体组合成一个整体时，这种组合才是令人痛苦沮丧的。

西奥多·帕克结婚时，夫妇两人进行了结婚旅行。在新婚期间，帕克列出了一些有用的建议来解决婚姻中可能出现的问题和矛盾：

1. 除非有特殊的理由，否则绝不要违背妻子的意愿。
2. 按照妻子的意愿，相互履行义务。
3. 不要责备妻子。
4. 不要轻视妻子。
5. 不因为妻子的要求而抱怨。
6. 鼓励妻子柔顺的品质。
7. 分担妻子的压力和负担。
8. 容忍妻子的缺点。
9. 永远珍爱妻子，保护妻子。
10. 记住，永远为妻子祈福，这样上帝就会为我们赐福。

帕克为自己列出的这些建议体现了对对方的爱和包容。

> 维持婚姻，双方都应包容对方一些，切不可各人都保持自己的个性和爱好。
>
> ——佚名

爱情要"示弱",不要"示威"

在婚姻生活中,夫妻双方很容易出现争吵,它将会减少共同解决问题的可能,阻碍亲密关系的恢复和发展。年轻夫妻往往任性、好胜、以自我为中心。小两口闹意见、生闷气、谁也不理谁的情况很普遍。他们当中,又多是性格内向的一方首先进入无言的状态。当夫妻间的争吵转为"斗闷气"后,情况并不比相互争吵时的情况好。"冷战"时,双方都想向对方示威,你不理我,我就不理你,无止无休。

冷战斗气中的夫妻,如果一个是"室内型"的人,一个是"室外型"的人,那情况还好些;如果两人都是"室外型"性格,那这个小家庭就有危险了。就大多数夫妻而言,双方都不愿在冷战中打持久战,关键的问题是双方谁先示弱打破冷战的僵局。

示弱是一种境界,也是让爱情保鲜的好方法。不论是男人还是女人,在爱情面前都不要过分争强好胜。而应该慢慢修炼自己,让自己学会"示弱",实现夫妻"邦交"正常化。下面是几招示弱的小技巧:

1. 留有余地

当感情中的"冰点"降临时,被动的一方似可"好话一句待回音"。小两口吵架是常有的事,如果在争执当中,任何一方失去理智,说出"快滚吧,永远不要回来"之类的伤人话,甚至动不动就以"离婚"为由而损伤夫妻感情时,如果当丈夫的觉得妻子要回娘家已成定局,还可采取补救之计,如追妻至大门外:"你走了我怎么活!""等一等,我去给你叫辆出租!""就当今天是星期天吧,明天就回来!"如此,等等,话说到点子上,常能打动对方,即使她还是走了,但感觉总是不一样的,为她的回来留下了余地。

2. 电话沟通

夫妻生活在一起,家务事总是有的。上班时,你可打一个电话给对方,以有事相告相商来引发对话,如:"下班后我买菜,今天我外出办事,回去得早,怕你买重了东西。""今天下班我回父母家看看,你有什么事吗?""早上忘了说,今天晚上我的老同学要到家串门,晚饭做些什么好啊?"此种方法应考虑对方乐意接受的内容来讲,且又给对方发表意见的机会。电话交际,总比当面更从容些。

3. 来个意外惊喜

每天下班回来夫妻相见时,是个突破的好机会。你可制造一些"新闻"来表现出兴奋或热情,显得你被一些"大事或好事"影响得已经忘了结下的矛盾。如一进门就说:"太棒了,今天又发了奖金!""老公,大哥从海外来信了,不久就要回国了!"听到以上种种报喜,相信对方总是有所反应的。一次打不动对方,第二天再换个话题,一旦启开了配偶的"尊口",冷战也就有了重大的转折。

4. 创造一个公共场合

冷战中的夫妻,想改变窘态的一方要创造一个多人在场的社

交场合。如请自己或配偶的朋友来家做客，这时碍于脸面，夫妻间的冷战矛盾总要有所掩饰，更想和好的一方便可趁机与配偶套上近乎，搭上话，有意无意中引对方走出沉默的误区。再如，买两张电影票什么的，谎称是别人送的，约配偶去看场电影或参加个什么活动，在谈论其他事情中恢复夫妻"邦交"正常化。

5. 示弱求助

早晨起床时，已经几天没与妻子说上一句话的丈夫问妻子："你给我洗好的那件衬衫放到哪里啦？"早已想和丈夫恢复正常的妻子见有了台阶，忙着应声："我去给你拿。对了，前天还给你买了件新的，忘了告诉你。""是吗，快拿来我看看，还是老婆心里有我。"这一去一来话就多了。

在化解沉默中，女方"示弱"也是不错的方法。如早晨或晚上表现出不舒服、不想动、吃几片小药什么的，都能引出丈夫的话题。因为男人在关心妻子时开口，这绝不是屈从的表现，不会有损于他大丈夫的形象。

聪明的夫妇会去找方法令紧张局面缓和下来，以免火上浇油而失控。"退一步海阔天空"。夫妻间两人的性格爱好千差万别，要学会相处，学会让步，学会宽容，学会正视现实，这样，夫妻就可以共同创造出幸福的婚姻。

> 退一步海阔天空，感情会愈加巩固。
>
> ——佚名

第九章
原谅生活,是为了更好地生活

与其抱怨，不如改变

在生活中，经常会有这样一些人，他们总是抱怨自己人生的不如意，并由此而产生一系列的矛盾与烦恼。

比如说，有的人对自己目前的工作不满意，认为职位低，赚钱少，比不上别人，于是就不断地抱怨，工作常常出错，上司也不喜欢他，同事也觉得他没出息。这样，他就越来越孤独，越来越远离快乐和成功。

怨恨的结果是塑造劣等的自我意象。就算怨恨的是真正的不公正与错误，但它也不是解决问题的方法，因为它很快就会转

变成一种习惯情绪。当一个人习惯于觉得自己是不公平的受害者时，就会将自己定位于受害者的角色上，并可能随时寻找外在的借口，即使对最无心的话在最不确定的情况中，他也能很轻易地看到不公平。

抱怨会使自己的情绪恶化，看什么都不顺眼，使自己陷入一种自己制造出来的消极情境之中。经常抱怨也会变成一种习惯，遇到压力或不如意之事，便先抱怨一番，这是最可怕的事。

一位伟人曾说："有所作为是生活中的最高境界。而抱怨则是无所作为，是逃避责任，是放弃义务，是自甘沉沦。"不论我们遭遇到的是什么境况，光是喋喋不休地抱怨，不仅不能解决问题，还会把事情弄得更糟。而这绝不是我们的初衷。

倘若我们的抱怨毫无理由，就应从根本上改变自己的心态，由消极变为积极，由被动变为主动，由事不关己变为责任在我。即使我们的抱怨具备十足的理由，那也还是不要抱怨吧！在逆境中拼搏能够产生巨大的力量，这是人生永恒不变的法则。当你遇到某一个难题时，也许一个珍贵的机会正在悄悄地等待着你。抱怨并不能解决实际问题，尽快地停止抱怨吧，只有行动才有解决问题的可能。

因此，我们要从现在开始记住，不要抱怨父母，不要抱怨环境；无法改变环境，就改变自己；改变不了过去，就努力改变未来。

认真完成下面的行动计划，也许能帮你克服抱怨的弱点：
1. 写下发生在你身上的 5 件事，写下其中你的抱怨。
对照自己写的内容，抱怨能真正帮你解决问题吗？显而易见,抱怨满腹不能解决任何事情,相反会阻碍我们成功。

2. 找一个支持你和值得信赖的真挚友人作为倾诉的伙伴,把所有的抱怨、牢骚、不满都发泄出来。

3. 在这一张纸上尽快地写出你所有的感觉,把你的每一个意见、思想和感觉尽情发泄在纸上,当你全部发泄完之后,把纸撕掉,最好把纸撕得粉碎,重复地写出来,再撕掉,直到你感觉不到激烈的情绪为止。

> 遇到挫折要从容面对,不抱怨、不放弃……只要继续努力,就一定会成功。
>
> ——唐骏

大气量天高地阔,宽胸怀义永情长

古语云"成王败寇",又云"不以成败论英雄"。我们的人生要成功,那么"雅量"则是必备的条件。大气量天高地阔,宽胸怀义永情长,只有宽宏大量,才能高瞻远瞩。

胡雪岩出生的时候,父亲是个小官吏,可是后来因公殉职了,从此他家的生活水平就只能在温饱线上徘徊。

在胡雪岩的家乡,胡氏是一个大家族,以前有过做大官的人,可是到了胡雪岩父亲这一辈时,开始没落了。族长曾经把希望寄托在胡雪岩的父亲身上,可是他父亲还没有升职,就先

去世了，这让族人的希望落了空。于是，他们将所有的怒火一并发泄到胡雪岩母子身上，所以胡雪岩几乎是在族人的冷嘲热讽和白眼之下长大的。

后来，尽管胡雪岩跟随张老板离开了家乡，但是族人依然看笑话似的，不认为胡雪岩能够有什么大出息。在他们的眼里，胡雪岩的父亲读了那么多年的书，都没能做成大官，胡雪岩是一天书都没有好好读的人，怎么可能干成大事？再者，人们受到封建思想的影响，觉得胡雪岩的母亲克死了她的丈夫，必然是没有福的人。在这样一个无福之人的身边长大，胡雪岩自然也不会大富大贵。

也许是从小就经受了过多的打击，冷嘲热讽对于胡雪岩而言，是再普通不过的事情，所以族人尽管说他们的，胡雪岩该怎么做事还怎么做事，丝毫不受影响。

几经辗转，胡雪岩到了阜康钱庄，在那里做个跑街的。此时的胡雪岩，心里变得越来越"不安分"了。他想要干出一番事业来，所以每天都在学算盘，为以后做积累。见他没事就摆弄算盘，钱庄的"大伙"张胖子看不下去了，说："一个臭跑街的，还以为自己是掌柜的呢！你学那个有什么用？只怕是到了棺材里，那个算盘也派不上用场。"

怕胡雪岩心里不好受，师兄们偷偷过来安慰他，可是他说："男儿立世，哪里有一帆风顺的，做得不好，被人笑笑也无妨。"

几年以后，胡雪岩接手阜康钱庄，当年的"大伙"张胖子，

早已转到信和钱庄去做事了。师兄们很想让胡雪岩去信和钱庄找张胖子理论，让他看看当年的算盘派没派上用场，可是胡雪岩一笑置之，不想跟张胖子计较。

我们管不了别人说什么，但是只要我们不在意，那么说与不说，对我们而言也没有多大差别。可是，如果我们因为听到了一点别人的议论就心怀怨恨，那么我们很可能为了报复别人而浪费了自己许多宝贵的时间，也错过了很多做大事的机会。

人生中，雅量意味着胸怀、风度和气质，它是斤斤计较、心胸狭窄的天敌，它对有意或是无意的伤害总是宽厚，对敌意的攻击总是忍让。有雅量的人对人对事看得开、想得开，不会计较生活中的得失。

"腹中天地阔，常有渡人船。"有了这样的雅量，当别人对自己误解、偏见，乃至讽刺、挖苦、谩骂的时候，也就统统不放在心里，更不会为此愁肠百结、郁愤难平、伺机报复，这样的人就会使他人感到可亲、可敬、可佩。

人创造环境，同样环境也创造人。

——佚名

心境平和，对自己说"不要紧"

在生活中，当我们遇到不如意的事时，学会对自己说"没关系"，会让你的生命更有光彩。

田丽是一个多愁善感的女孩，面临生活中一些不如意的事常常会觉得孤立无援，然而一位教授的一节课，却让她改变了对生活的看法。

有一次，一位德高望重的教育学教授在田丽的班上说："我有句三字箴言要奉送各位，它对你们的教学和生活都会有帮助，而且可使人心境平和，这三个字就是：'不要紧'。"田丽领会到了那句三字箴言所蕴含的智慧，于是便在笔记簿上端端正正地写下了"不要紧"三个大字。她决定不让挫折感和失望破坏自己平和的心境。

后来，她遭到了考验。她爱上了英俊潇洒的周云，田丽确信他是自己的白马王子。可是有一天晚上，周云温柔婉转地对田丽说，他只把她当成普通朋友。田丽以他为中心构想的世界当时就土崩瓦解了。

那天夜里，田丽在卧室里哭泣时，觉得记事簿上的"不要紧"那几个字看来很荒唐。"要紧得很"，她喃喃地说，"我爱他，没有他我就不能活。"

但第二天早上田丽醒来再看到这三个字之后，就开始分析自己的情况：到底有多要紧？周云很重要，自己很要紧，我们的快乐也很要紧。但自己会希望和一个不爱自己的人结婚吗？

日子一天天地过去，田丽发现没有周云自己也可以生活。田丽觉得自己仍然能快乐，将来肯定会有另一个人进入自己的生活；即使没有，她也仍然能快乐。

几年后，一个更适合田丽的人真的来了。在兴奋地筹备婚礼的时候，她把"不要紧"这三个字抛到九霄云外。她不再要这三个字了，她觉得以后将永远快乐，她的生命中不会再有挫折和失望了。

婚姻生活和生儿育女不会有挫折失望？这当然不可能。有一天，丈夫和田丽得到一个坏消息：他们破产了。

在得知这一消息之后,她看到丈夫双手捧着额头。她感到一阵凄酸,胃像扭作一团似的难受。田丽想起那句三字箴言:"不要紧。"她心里想:"真的,这一次可真的是要紧!"

可是就在这时候,小儿子用力敲打他的积木的声音吸引了田丽的注意力。他看见妈妈看着他,就停止了敲击,对她笑着,那笑容真是无价之宝。田丽把视线越过他的头望出窗外,有两个小孩正在兴高采烈地合力堆沙堡。在她们的后面,田丽家的几棵洋槐树映衬着无边无际的晴朗碧空。田丽觉得自己的胃不痛了,心情也恢复了平和,她还感到自己在微笑。于是她对丈夫说:"一切都会好起来的,损失的只是金钱,实在'不要紧'。"

生命中很多突发的变故,会给我们的心灵带来巨大的压力,很多人会因为这些压力而变得一蹶不振,甚至会因此失去生活的勇气。

卡耐基曾说:"正如杨柳承受风雨,水适于一切容器一样,我们也要学会承受一切不可逆转的事实,对于那些必然之事我们要学会主动而轻快地承受。"面对这些人生的狂风暴雨,如果我们都能够对自己说一句"不要紧",然后平静地接受它,时刻保持积极的心态,那么这些困难终将会过去。

> 我要微笑着面对整个世界,当我微笑的时候全世界都在对我笑。
>
> ——乔·吉拉德

多一分包容,多一分快乐

我们都是普通人,不是圣贤,要让我们去爱自己的敌人,也许会非常勉强;但是,仇恨只能够产生仇恨,所以,学会宽恕敌人甚至忘了所有的怨恨是有必要的。正如一位哲人所说:"忘记怨恨是一种博大的胸怀,它能包容人世间的喜怒哀乐。忘记怨恨是一种品格,它能使人生跃上新的台阶。"

北宋名臣范仲淹就是一个不记仇的人。

景祐三年,范仲淹任吏部员外郎。当时,吕夷简任宰相,朝中的官员多出自他的门下。范仲淹上奏了一个《百官图》,按照次序指明哪些人是正常的提拔,哪些人是破格提拔,哪些人提拔是因公,哪些人提拔是因私。并建议:任免近臣,凡超越常规的,不应该完全交给宰相去处理。范仲淹被吕夷简指为"狂肆,斥于外",贬为饶州知州。

康定元年,西夏王李元昊率兵入侵,范仲淹被任命为陕西经略安抚副使,负责防御西夏军务。

这时,神宗下谕让范仲淹不要再纠缠和吕夷简过去不愉快的事。范仲淹顿首谢曰:"臣向论盖国家事,于夷简无憾也。"他的意思是:我过去议论的都是有关国家的大事,对吕夷简本人并没有什么怨恨。

吕夷简听说后,深感愧疚,连连说:"范公胸襟,胜我百倍!"

忘记怨恨就是忍耐。同事的批评、朋友的误解、过多的争辩和"反击"实不足取,唯有冷静、忍耐、谅解最重要。

温斯顿·丘吉尔用自己的经验总结出:"报复是最没有收获的。"报复的想法会让你的灵魂受到玷污,使你不再受到信任,变得愤世嫉俗而且充满偏见。怨恨还会伤害人的生理和精神,使你感到与社会的隔离,没有活力,没有精神。

一只蜂房里的蜂后把刚从蜂房里取出来的蜜献给天神。天神对蜂后的奉献很高兴,就答应给它所要求的任何东西。

蜂后于是请求天神说:"请你给我一根刺,如果有人要取我的蜜,我便可以刺他。"

天神很不高兴,因为他很爱人类,但因为已经答应,不便拒绝蜂后的请求,于是天神回答:"你可以得到刺,但那刺会留在对方的伤口里,你将因为失去刺而死亡。"

报复是一把双刃剑,伤害别人的同时也会伤害到自身。心中想着报复别人,行为便趋向罪恶;心中有了恶,恶便支配了你的心灵,头脑被报复的念头所占据,报复也会回到自己的头上。

忘记怨恨就是快乐。人人都有痛苦,都有伤疤,经常去揭,就容易添新创。学会忘却,生活才有阳光,才有欢乐。如果没有忘却,人很难快乐,智慧就会淹没在对过去的懊悔、痛苦,以及对未来的恐惧、忧虑与烦恼之中。

忘记怨恨就是潇洒。宽厚待人，忘记怨恨，是事业成功、家庭幸福美满之道。如果你事事斤斤计较，就会患得患失，活得很累很辛苦。

> 天地专为胸襟开豁的人们提供了无穷无尽的赏心乐事，让他们尽情受用，而对于心胸狭窄的人们则加以拒绝。
>
> ——雨果

不思八九，常想一二

常言道：人生不如意事常有八九。如果你因为种种原因让自己烦恼缠身，那你的人生将会患得患失，并总处于悲观、绝望中，让你的人生道路如负重爬山，举步维艰。如此一来，你的心灵将被悲观、绝望等情绪所窒息。

当然，我们总会遇到这样那样不如意的事，但不能因此感到生活无趣，而要善于包容一切，因为事情不会因为你的感觉而改变。事实上，你所处的情况并没有你想象中的那么糟糕。换个角度，忘记所有对你不好的人，用心去生活，不在乎是否有人为你鼓掌。因为在这个世界上，你比很多人都幸运。

同一件事情，乐观者往好处想，而悲观者往坏处想，两者的结果完全不同。显然，前者的乐观比后者的阴郁更容易让人奋进。正如马克思哲学告诉我们的："人的主观意识是对客观世界的反映,虽然它是被动的,但却有一定的主观能动性,而且对客观的事物有影响、促进和改变的作用。"

你的态度决定你的心情,影响你的健康,甚至改变你一生的际遇。培养乐观之心,凡事多往好处着想,使悲观与自己无缘,这是心理健康的前提,也是幸福人生的关键要素之一。

著名书法家于右任一生饱受沧桑,却淡泊名利,安详长寿。一天,一位朋友问他养生之道,于是他就指着客厅墙上的字画笑而不答。朋友顺着于老的手指看到一幅写意莲花,旁边的对联是:"不思八九,常想一二。"

我们经常遇到两种人,一种人遇到挫折,就十分痛苦烦闷,甚至失去对生活的信心与热情,结果往往是生活中的困难和挫折对他们来说就像一座不可跨越的高山,让他们十分苦恼、烦闷;

而另外一种人遇到挫折和不幸时,却微微一笑,然后积极地与它们斗争。结果证明,困难、挫折、不幸都不是他们的对手,他们的生活总是充满阳光。

也许你的生活不尽如人意,也许它和你的期许相差很远,如果你因此就伤神、苦恼、抱怨,那就错了。这时你要改变自己的心态,因为你的心态可以改变你的思想,思想将会变成你的行动,行动将会改变你的结果。你要有一个健康的心态,并要珍惜你现在拥有的生活,在生命中的每一刻,享受现在的幸福。

包容是一种健康的心态,它是你心灵的灯塔,愿它永远守候在那里,让你在迷雾中看到方向,在风雨后看到阳光,在乌云里看到晴空。它把所有珍惜的心情放在你的手中,让你把所有的烦恼抛弃,化解人生路上的一切恩怨,得到宽恕、理解、信任和支持。

> 人生的道路都是由心来描绘的。所以,无论自己处于多么严酷的境遇之中,心头都不应为悲观的思想所萦绕。
> ——稻盛和夫

腹中天地宽,常有渡人船

宽恕是文明的责罚。在有权力责罚时而不责罚,就是宽恕;在有能力报复时而不报复,就是宽恕。做人做事应当拥有这种宽恕的德行。

英国学者路易斯小时候常受凶恶的老师侮辱,心灵深受创伤。他几乎一生不能宽恕这位伤害过自己的老师,且又因为自己的不能宽恕而感到困扰。

在他去世前不久,他写信告诉朋友道:"两三星期前,我忽然醒悟,终于宽恕了那位使我童年极不愉快的老师。多年来我一直努力想做到这一点,每次以为自己已经做到,却发觉还需再努力一试。可是这次我觉得我的确做到了。"

仇恨的习惯是难以破除的。和其他许多坏习惯一样,我们通常要把它粉碎很多次,才能最后把它完全消灭。伤害愈深,心理调整所需要的时间就愈长。可是久而久之,总会慢慢地把它消灭。

斯宾诺莎说:"心不是靠武力征服,而是靠爱和宽容大度征服。"如果一个人能原谅、宽容别人的冒犯,就证明他的心灵中的宽容已超越了一切伤害。做人要心胸开阔,对事要思想开明。宽恕别人所不能宽恕的,是一种高贵的行为。

人们在受到伤害的时候，最容易产生两种不同的反应：一种是憎恨，一种是宽恕。憎恨的情绪，使人一再地浸泡在痛苦的深渊里。如果憎恨的情绪持续在心里发酵，可能会使生活逐渐失去秩序，行为越来越极端，最后一发不可收拾。而宽恕就不同了，宽恕必须随被伤害的事实从"怨怒伤痛"转移到"没什么"，最后认识到不宽恕的坏处，从而积极地去思考如何原谅对方。

纽约前州长盖诺被一份内幕小报攻击得体无完肤之后，又被一个疯子打了一枪，这让他几乎送命。当他躺在医院的时候，他说："每天晚上我都原谅所有的事情和每一个人，这样，我才很快乐。"

有一次，一个人问巴鲁曲——他曾经做过威尔逊、哈定、柯立芝、胡佛、罗斯福和杜鲁门六位总统的顾问，他会不会因为他的敌人攻击他而难过。"没有一个人能够羞辱我或者干扰我，"他回答说，"我不让自己这样做。"

没有人能够羞辱或困扰你，除非你让自己这样做。棍子和石头也许能打断我们的骨头，可是言语永远也不能伤害我们，我们会生活得很快乐。忘记惹你生气的人，这样做才是明智的。

> 宽容并不是姑息错误和软弱，而是一种坚强和勇敢。
> ——周向潮

懂得包容，失去也是获得

人生就像一场旅行，在行程中，你会用心去欣赏沿途的风景，同时也会接受各种各样的考验，这个过程中，你会失去许多，但是，你同样也会收获很多，因为，失去是另一种获得。

有一位住在深山里的农民，经常感到环境艰险，难以生活，于是便四处寻找致富的好方法。

一天，一位从外地来的商贩给他带来了一样好东西，尽管看上去那只是一粒粒不起眼的种子。但据商贩讲，这不是一般的种子，而是一种名为"苹果"的水果的种子，只要将其种在土壤里，几年以后，就能长成一棵棵苹果树，结出数不清的果实，拿到集市上，可以卖好多钱呢！

欣喜之余，农民急忙将苹果种子小心收好，但脑海里随即涌现出一个问题：既然苹果这么值钱、这么好，会不会被别人偷走呢？于是，他特意选择了一块荒僻的山野来种植这种颇为珍贵的果树。

经过几年的辛苦耕作，浇水施肥，小小的种子终于长成了一棵棵茁壮的果树，并且结出了累累硕果。这位农民看在眼里，喜

在心中。因为缺乏种子的缘故,果树的数量还比较少,但结出的果实也肯定可以让自己过上好一点儿的生活。

他特意选了一个吉祥的日子,准备在这一天摘下成熟的苹果,挑到集市上卖个好价钱。当这一天到来时,他非常高兴,一大早便上路了。当他气喘吁吁爬上山顶时,心里猛然一惊,那一片红灿灿的果实,竟然被外来的飞鸟和野兽们吃了个精光,只剩下了满地的果核。

想到这几年的辛苦劳作和热切期望,他不禁伤心欲绝,大哭起来。他的财富梦就这样破灭了。在随后的岁月里,他的生活仍然艰苦,只能苦苦支撑下去,一天一天地熬日子。不知不觉之间,几年的光阴如流水一般逝去。

一天,他偶然来到了这片山野。当他爬上山顶后,突然愣住了,因为在他面前出现了一大片茂盛的苹果林,树上结满了累累硕果。

这会是谁种的呢?他思索了好一会儿才找到了答案:这一大片苹果林都是他自己种的。

几年前,当那些飞鸟和野兽在吃完苹果后,就将果核吐在了旁边,经过几年的时间,果核里的种子慢慢发芽生长,终于长成了一片更加茂盛的苹果林。

这位农民再也不用为生活发愁了,这一大片林子中的苹果足以让他过上幸福的生活。

有时候，失去是另一种获得。花草的种子失去了在泥土中的安逸生活，却获得了在阳光下发芽微笑的机会；小鸟失去了几根美丽的羽毛，经过跌打，却获得了在蓝天下凌空展翅的机会。人生总在失去与获得之间徘徊。没有失去，也就很难有所获得。

一扇门如果关上了，必定有另一扇门打开。你失去了一种东西，必然会在其他地方收获另一种东西。关键是，你要有乐观的心态，相信有失必有得，要舍得放弃，正确对待你的失去。

舍得，舍得，有舍才有得。

——佚名

 心宽是健康长寿的幸福秘诀

于女士今年快 70 岁了，早已经步入老年人的行列，可在她 104 岁的母亲的眼里，她还不过是个孩子。

104 岁的母亲至今耳不聋、眼不花，行动利索，周围的老人很是羡慕。说起母亲的长寿秘诀，于女士说："母亲常常教育我，做人要心胸豁达，知足常乐。"

母亲生长在清朝末年的一个小村庄，什么样的苦都吃过，如今过上好日子，她常常感叹，"我现在多活一天，就是赚一天"。她挺满足现在的生活。说到母亲的长寿秘诀，就一点，心胸豁达，不管遇到什么难事，她都能主动去解决。

"母亲还很乐意帮助别人,以前再怎么穷,邻居需要帮忙她都会尽力。现在在老年公寓,其他老人要是碰上不开心的事,她都会过去劝劝。她经常这样劝:'有这么好的地方住着,有人照顾着,每个月还给工资(退休金),很好了,其他的什么也不用管了,好好活着就行。'"

"好好活着就行",平平淡淡的一句话,却道出了一位104岁老人的长寿心经。心是人体中五脏六腑的主要器官之一,是人情绪的总控制台,它每时每刻都在不停地工作着。如果一个人的心脏停止了工作,那么这个人的生命也就基本上走到了尽头。因此,心跳是人生命的动力源泉。

要保持一个人的心脏能够正常工作,就必须经常去保护它、

爱护它,保证人体心脏的正常工作机能,这是唯一的方法和手段。否则,破坏了心脏的功能将会缩短人的寿命期限。

如何才能保护心脏的功能不会衰竭,并使其能够发挥正常的作用呢?最简单和最有效的方法就是"放宽心"。俗话说得好:"心宽体胖,活得健壮;没心没肺,活得不累;与世无争,活得轻松。"总之,心宽才能长寿,长寿才能幸福。

什么是心宽?心宽就是指一个人的心境宽大无比,能够包罗万象,内心装得下整个世界。做人要心胸开阔,能容纳各种矛盾,要宽宏大量,能装得下一切,能包容一切。就像宇宙一样,能够包容和承受所有不同大小行星的存在,包括太阳、月亮、地球,还有许许多多的各种不同质量的大小星系等,这就是包容和宽容。

做人首先要学会包容、忍让,用知识和头脑去理解、容纳不同的人或事,要大度待人,能够承担或承受他人的存在,不要做与人为敌的事情,更不要去制造矛盾和事端,多与人沟通、交流、对话、磨合,互助互利,互补互惠,更要相互信任、相互尊重,把别人的事情当成自己的事情来对待,积极想办法去处理好。不要萌生或存在"气人有,笑人无"的心态,显得小肚鸡肠。要学会做人,拥有与人为善、与人为美的高贵品质,处理好与他人之间的关系,要"以助人为快乐,以善待他人为己任",做一个品德高尚、心中无瑕、更加完美的人。

  总之,人要幸福长寿,就要树立共生、共存、共发展的思想理念,营造一个开心、宽容、和谐的生活环境。

> 人之心胸,多欲则窄,寡欲则宽。
>
> ——佚名

第十章

拒绝盲目,包容也要讲原则

 把握好善良的分寸

做人要做善良的人,这是公理。但如果放到具体的场合中去考察,就不是那么简单了,而是要把握好善良的分寸。

善良是一种良好的心态,而不是盲目地去为别人做多少好事。为了做到与人为善,务必抑制自己过分行善的欲望。

当我们以不公平的方式为自己的朋友谋取了一个位置时,我们可能面对的是永远失去威信及别人的尊重;当我们因为是熟人而原谅了对方时,那么,面临的可能后果是所有人都会在犯错误时有充分的理由回击你……此后的生活便如一团乱麻。所以,做人不该因为善良而失去原则性,公私分明、客观公正、通情达理才是该做的。

1994年年底,董明珠在格力危难之际,受命出任格力经营部部长。不久,她就做出了一个超越常理的决定:去找洪总经理要财权。客户究竟在公司账上有没有钱、有多少钱,只有财务部才清楚。一些客户打了货款到格力却拿不到货,而一些客户没钱却拿到了货。有时经营部要发货了,开票员问这人有没有打钱过来,财务那边总是说:"我

们也不清楚，要查账才知道。"这样，无论经营部如何负责，只要财务部不配合，都是事倍功半，难以使经营部的工作正常运转。长此下去，只怕又要重蹈格力以前的管理现状，职责不清，工作混乱。这是董明珠绝对难以容忍的。

洪总经理经过考虑，划出财务部的一部分归董明珠管。机会来之不易，董明珠慎重对待，她和有关同事一起建立了一套循环监督机制：计划受财务监督；财务受开票员监督；开票员受电脑统管监督；电脑统管受计划监督。

制度建立之后，关键就看能不能真正实行了。许多企业都有非常完美的规章制度，但就是在执行的过程中不能坚守原则，太会变通，以至虽然很多企业都确立了一个清晰的愿景，但却总是事与愿违，无法实现。而大家都知道董明珠是一个坚守原则的人，所以当她强调"任何人不得有任何理由破坏以上机制"的时候，了解她的人都明白，谁敢破坏这个制度，谁就要倒霉了。

很快，一个合理的网络便形成了：财务说有钱才能发货，发货后开票员记账，开票单再输入电脑。这样，财务往来多少钱都可以清清楚楚地反映在账上，每天都可以从账上看到有多少钱，发了多少货。这样一来，董明珠随时都可以掌握格力的销售情况，任何业务员、经销商都不能再像以前一样钻空子了。在这个过程中，董明珠要求：经营部无论多晚都要当天清账，绝不能让当天的账过夜。一段时间以后，经营部的同事们就养成了习惯，当天的工作没完成，不管多晚都不会回家。

据董明珠介绍，自1995年5月以后，财务就再也没出现过混乱，也再没有应收款收不上来的现象。

就像董明珠所说，她能够创造这个"奇迹"，原因其实很简单：不交钱不发货，只要认真坚持下来，就不会有什么拖欠。正因为她坚守原则，所有人一视同仁，所以这些措施才能够很好地贯彻落实。

善良不是错，但是如果因为善良而失去了原则，那么，这种善良就会变成一种错误。

> 没有规矩，不成方圆。
> ——谚语

包容不是一味地忍让

在武则天统治时期，有个丞相叫娄师德，史书上说他"宽厚清慎，犯而不校"。意思是：处世谨慎，待人宽厚，对触犯自己的人从不计较。

他弟弟出任代州刺史时，娄师德嘱咐说："我们弟兄受到的恩宠太多了，这是要遭人嫉恨的。你有没有想过，怎样才能保全自己？"

弟弟回答说："以后，有人朝我脸上吐唾沫，我擦干就是了，你尽管放心吧！"

娄师德忧虑地说："我不放心的就是这点！人家唾你脸，是生你的气，你把唾沫擦掉，岂不是顶撞他？这只能使他更火。怎么办？人家唾你，要笑眯眯地接受。唾在脸上的唾沫，不要擦掉，让它自己干！"

　　在封建社会，娄师德这种"唾面不拭"的做法，一直被传为美谈。然而，在今天看来，这种不辨是非、不讲原则的一味忍让屈从，并不是真正的宽容，而是一种纵容。这是因为，不加分析地对一切凌辱和欺压忍受、退让、委曲求全，只能起到纵容邪恶势力、助长恶风邪气的作用。这样的"委曲求全"实质上与"姑息养奸"没有多大差别。

　　我们提倡的宽容，是指在一些非原则问题上不要斤斤计较，睚眦必报。在涉及全局和整体利益的问题上要坚持原则，严于律己，要避免打着宽容的幌子做"老好人"，而损害全局或整体的利益。

　　另外，胸襟开阔并非无限度地容忍，包容并不等于对已构成危害的犯罪行为接受或姑息。但对于个人而言，宽容往往会使人有更好的人际关系，自己在心理上也会减少仇恨和不健康的情感；对于一个群体而言，胸襟开阔，无疑是一种创造和谐气氛的调节剂。因此，宽容是建立良好的人际关系的一大法宝，以德服人是形成凝聚力的重要武器。

　　只有用"德"去治人，治你的事业和天下，你才会信心百倍地走向成功，同时你的完美个性才能得到体现。宽容是能够让人品德高尚的好习惯。我们应该培养这个习惯，从现在开始，用宽容、豁达主宰我们的品行，开创我们的美好前途。

胸襟开阔,是人生的奥秘。但胸襟开阔不是无原则地容忍、退让,胸襟开阔是一种超脱,是自我精神的解放,宽容要有点豪气。

乍暖还寒寻常事,淡妆浓抹总相宜。与其悲悲戚戚、郁郁寡欢地过一辈子,不如痛痛快快、潇潇洒洒地活一生,难道这不好吗?人活得累,是心累,常读一读这几句话就会轻松得多:"功名利禄四道墙,人人翻滚跑得忙;若是你能看得穿,一生快活不嫌长。"凡事到了淡,就到了最高境界,天高云淡,一片光明。

我可以容忍,但别超过我的底线。

——佚名

包容不是盲目地忍耐

在社会上,有些人总是本本分分、规规矩矩,他们在工作中任劳任怨,在生活中洁身自好,各个方面都达到了社会规范的基本要求。就算遭受了不公正的待遇还是忍气吞声,他们这种逆来顺受的性格只会导致别人的再次侵害。

一天,史密斯把孩子的家庭教师尤丽娅·瓦西里耶夫娜请到他的办公室来,打算结算一下工钱。

史密斯对她说:"请坐,尤丽娅·瓦西里耶夫娜!让我们算算工钱吧。你也许要用钱,你太拘泥于礼节,自己是不肯开口的,我们和你讲好，每月 30 卢布……"

"40 卢布……"

"不，30……我这里有记载，我一向按 30 卢布付教师的工资的，你待了两个月……"

"两个月零 5 天……"

"整两月，我这里是这样记的。这就是说，应付你 60 卢布，扣除 9 个星期日，实际上星期日你是不和柯里雅搞学习的，只不过游玩，还有 3 个节日……"

尤丽娅·瓦西里耶夫娜骤然涨红了脸，牵动着衣襟，但一语不发。

"3 个节日一并扣除，应扣 12 卢布；柯里雅有病 4 天没学习，你只和瓦里雅一人学习；你牙痛 3 天；我妻子准你午饭后歇假。12 加 7 得 19，扣除……还剩……嗯……41 卢布，对吧？"

尤丽娅·瓦西里耶夫娜两眼发红，下巴在颤抖。她神经质地咳嗽起来，擤了擤鼻涕，但一语不发。

"新年底，你打碎一个带底碟的配套茶杯，扣除 2 卢布，按理茶杯的价钱还高，它是传家之宝，我们的财产到处丢失！而后，由于你的疏忽，柯里雅爬树撕破礼服，扣除 10 卢布；女仆盗走瓦里雅皮鞋一双，也是由于你玩忽职守，你应负一切责任，你是拿工资的嘛，所以，也就是说，再扣除 5 卢布；1 月 9 日你从我这里支取了 9 卢布……"

"我没支过！"尤丽娅·瓦西里耶夫娜喏嚅着。

"可我这里有记载！"

"那就算这样，也行。"

"41 减 26 净得 15。"

尤丽娅两眼充满泪水，长而修美的小鼻子渗着汗珠，多么令人怜悯的小姑娘啊！

她用颤抖的声音说道："有一次我只从您夫人那里支取了 3 卢布，再没支过……"

"是吗？这么说，我这里漏记了！从 15 卢布再扣除……这是你的钱，最可爱的姑娘，3 卢布，3 卢布，又 3 卢布，1 卢布再加 1 卢布，请收下吧！"史密斯把 12 卢布递给了她，她接过去，喃喃地说："谢谢。"

史密斯一跃而起，开始在屋内踱来踱去。"为什么说'谢谢'？"史密斯问。

"为了给钱……"

"可是我洗劫了你，鬼晓得，这是抢劫！实际上我偷了你的钱！为什么还说'谢谢'？"

"在别处，根本一文不给。"

"不给？怪啦！我和你开玩笑，对你的教训是太残酷，我要把你应得的 80 卢布如数付给你！事先已给你装好在信封里了！你为什么不抗议？为什么沉默不语？难道生在这个世界口笨嘴拙行吗？难道可以这样软弱吗？"

史密斯请她对自己刚才所开的玩笑给予宽恕,接着把 80 卢布递给大为惊疑的她。她羞羞地过了一下数,就走出去了……

对于文中女主人公的遭遇,我们能用什么词汇来形容呢?懦弱、可怜、胆小?人活着就要学会捍卫自己的利益,该是你的就无须忍让。除了抛弃这种"受气包"的心态,还要从心理上认同:有时"斤斤计较"并不丢脸。

忍一时,待到适时便不忍。

——佚名

忍一时风平浪静,忍一世一事无成

酒、色、财、气,人生四关,我们可以滴酒不沾,可以坐怀不乱,可以不贪钱财,却很难不生气。所以"气"关最难过,要想过这一关就须学会忍。

忍什么?一要忍气,二要忍辱。气指气愤,辱指屈辱。气愤来自于生活中的不公,屈辱产生于人格上的褒贬。在中国人眼里,忍耐是一种美德,是一种成熟的涵养,更是一种"以屈求伸"的深谋远虑。

"吃亏人常在,能忍者自安",是提倡忍耐的至理箴言。忍耐是人类适应自然选择和社会竞争的一种方式。大凡世上的无谓争端多起于小事,一时不能忍,铸成大错,不仅伤人,而且害己,

此乃匹夫之勇。凡事能忍者，不是英雄，至少也是达士；而凡事不能忍者，纵然有点愚勇，终归难成大事。人有时太愚，小气不愿咽，大祸接踵来。

忍耐并非懦弱，而是于从容之中冷嘲或蔑视对方。

无论是民族还是个人，生存的时间越长，忍耐的功夫越深。生存在这世上，要成就一番事业，谁都难免经受一段忍辱负重的曲折历程。因此，忍辱几乎是有所作为的必然代价，能不能忍受则是伟人与凡人之间的区别。

"能忍者自安"，忍耐既可明哲保身，又能以屈求伸，因此凡是胸怀大志的人都应该学会忍耐、忍耐、再忍耐。但忍耐绝不是无止境地让步，而要有一个度，超过了这个度就要学会反击。

一条大蛇危害人间，伤了不少人畜，以致农夫不敢下田耕地，商贾无法外出做买卖，大人不放心让孩子上学，到最后，每个人都不敢外出了。

大家无奈之余，便到寺庙的住持那儿求救，大伙儿听说这位住持是位高僧，讲道时连顽石都会被点化，无论多凶残的野兽都

会被驯服。

不久之后,大师就以自己的修为,驯服并教化了这条蛇,不但教它不可随意伤人,还为它点化了许多处世的道理,而蛇也仿佛有了灵性一般。

慢慢的,人们发现这条蛇完全变了,甚至还有些畏怯与懦弱,于是,人们就纷纷欺侮它。有人拿竹棍打它,有人拿石头砸它,连一些顽皮的小孩都敢去逗弄它。

某日,蛇遍体鳞伤,气喘吁吁地爬到住持那儿。

"你怎么啦?"住持见到蛇这个样子,不禁大吃一惊。

"我……"大蛇一时间为之语塞。

"别急,有话慢慢说!"住持的眼里满是关怀。

"你不是一再教导我应该与世无争,和大家和睦相处,不要做出伤害人畜的事吗?可是你看,人善被人欺,蛇善遭人戏,你的教导真的对吗?"

"唉!"住持叹了一口气后说道,"我只是要求你不要伤害人畜,并没有不让你吓唬他们啊!"

"我……"大蛇又为之语塞。

忍耐是一种智慧,但一味地忍让真就成了一种懦弱,凡事都有一个度,把握好这个度,才是正确的处世之道。

但是,如何掌握忍让这个度,乃是一种人生艺术和智慧,也是"忍"的关键。这里,很难说有什么通用的尺度和准则,更多的是随着所忍之人、所忍之事、所忍之时、所忍之境的不同而变化。它要求有一种对具体环境、具体情况做出具体分析的能力。

总之，须懂得忍一时风平浪静，忍一世一事无成的道理，当忍则忍，忍无可忍时，则无须再忍！

忍耐绝不是无止境地让步。

——佚名

智慧的包容，是有所忍、有所不忍

圣严法师承认忍辱在佛教修行中非常重要，佛法倡导每个修行者不仅要为个人忍，还要为众生忍。但是，所谓"忍辱"应该是有智慧地忍。因此，有智慧的"忍辱"需是发自内心的。

有位青年脾气很暴躁，经常和别人打架，大家都不喜欢他。

有一天，这位青年无意中游荡到了大德寺，碰巧听到一位禅师在说法，就想听一下。听完后，他发誓痛改前非，还对禅师说："师父，我以后再也不跟人家打架了，免得人见人烦，就算是别人朝我脸上吐口水，我也只是忍耐地擦去，默默地承受！"

禅师听了青年的话，笑着说："何必呢？就让口水自己干了吧，何必擦掉呢？"

青年听后，有些惊讶，于是问禅师："那怎么可能呢？为什么要这样忍受呢？"禅师说："这没有什么能不能忍受的，你就把它当成蚊虫之类的停在脸上，不值得与它打架，虽然被吐了口水，但并不是什么侮辱，就微笑地接受吧！"

青年又问:"如果对方不是吐口水,而是用拳头打过来,那可怎么办呢?"禅师回答:"这不一样吗!不要太在意!这只不过一拳而已。"

青年听了,认为禅师实在是岂有此理,终于忍耐不住,忽然举起拳头,向禅师的头上打去,并问:"和尚,现在怎么办?"

禅师非常关切地说:"我的头硬得像石头,并没有什么感觉,但是你的手大概打痛了吧?"青年愣在那里,实在无话可说,火气消了,心有大悟。

禅师告诉青年"忍辱"的方式,并身体力行,他之所以能够坦然接受青年的无理取闹,正是因为他心中无一辱,所以青年的怒火伤不到他半根毫毛。在禅宗中,这种心境称为"无相忍辱"。这位禅师的忍辱是自愿的,他想通过这种方式感化青年,并且取得了效果。

生活中还有些人,面对羞辱时虽然忍住了喷火或抱怨,但内心却因此懊恼、悔恨,这种情况就不能称为"有智慧地忍辱"了。圣严法师提倡的"有智慧地忍辱"应该是趋利避害的。

所谓的"利",应该是他人的利、大众的利,"害"也是对他人的害、对大众的害。故事中禅师的做法是圣严法师提倡的忍辱,在这个过程中,法师虽然挨了青年一拳,但青年因此受到了感化。对于禅师来说,虽然于自己无益,但对他人有益,所以这样的忍辱是有价值的;如果说对双方都无损且有益的话,就更应该忍耐一下了。

但也存在另一种情况,忍耐可能对双方都有害而无益。所

以,一旦出现这种情况,不仅不能忍耐,还需要设法避免或转化它。圣严法师举了这样的例子:一个人如果明知道对方是魔头,逢人就杀,就不能默默忍受了,必须设法制止可能会出现的不幸。这既是对他人、众生的慈悲,也是对对方的慈悲,因为"对方已经不幸,切莫让他再制造更多的不幸"。

智者的"忍"更需遵循圣严法师的教导,有所忍、有所不忍,为他人忍,有原则地忍。

懂得忍受一切就可能无所不为。

——佚名

第十一章

乐观豁达,包容人生的成与败

 劣势有时能成为优势

有一个少年，在一次车祸中失去了右臂，但是他很想学柔道。

后来，少年拜一位柔道大师做了师父，开始学习柔道。他学得不错，可是练了三个月，师父只教了他一招，少年有点弄不懂了。

一天，他忍不住问师父："我是不是应该再学学其他招术？"

师父回答说："不错，你的确只会一招，但你只需要会这一招就够了。"

少年并不是很明白，但他很相信师父，于是就继续照着练了下去。

几个月后，师父第一次带少年去参加比赛。少年自己都没有想到居然轻轻松松地赢了前两轮。第三轮稍稍有点艰难，但对手还是很快就变得有些急躁，连连进攻，少年敏捷地施展出自己的那一招，又赢了。就这样，少年迷迷糊糊地进入了决赛。

决赛的对手比少年高大、强壮许多，也似乎更有经验。有一度少年显得有点招架不住，裁判担心少年会受伤，就叫了暂停，还打算就此中止比赛，然而师父坚持说："继续比赛！"

比赛重新开始后，对手放松了戒备，少年立刻使出他的那招，制服了对手，由此赢了比赛，得了冠军。

回家的路上，少年和师父一起回顾每场比赛的每一个细节，少年鼓起勇气道出了心里的疑问："师父，我怎么凭一招就赢得了冠军？"

师父笑着说:"有两个原因:第一,你几乎完全掌握了柔道中最难的一招;第二,就我所知,对付这一招唯一的办法是对手抓住你的右臂。"有时候,我们会处于劣势之中,但一味地怨天尤人并不能改变什么。只有敢于挑战,敢于用心,"不利"才可能转化成"有利"。

聪明的人能够实事求是地看自己,能从自身条件不足和所处不利环境的局限中解脱出来,去做自己能做的事。

把人生弱势转化成强项,对任何人都很重要。

——佚名

四个字：坚持到底

丘吉尔卸任后，有一回应邀去牛津大学的毕业典礼致词。那天他坐在首席，打扮一如平常，还是一顶高帽，手持雪茄。

经过一长串的介绍词之后，丘吉尔走上讲台，注视观众，沉默片刻，他开口说："永远，永远，永远不要放弃！"接着又是长长的沉默，他又一次强调："永远，永远，永远不要放弃！"他又注视观众片刻，然后回座。无疑，这是历史上最短的一次演讲，也是丘吉尔最脍炙人口的一次演讲。

多年以前，美国曾有一家报纸刊登了一则园艺所重金征求纯白金盏花的启事，在当地一时引起轰动，高额的奖金让许多人趋之若鹜。但在千姿百态的自然界中，金盏花除了金色的就是棕色的，还没有人能够有幸见过白色的金盏花，这根本不是一件易事。所以许多人一阵热血沸腾之后，就把那则启事抛到九霄云外去了。

一晃就是 20 年。一天，那家园艺所意外地收到了一封热情洋溢的应征信和一粒纯白金盏花的种子。当天,这件事就不胫而走,引起轩然大波。

寄种子的原来是一个年近古稀的老人。老人是一个地地道道的爱花人,当她20年前偶然看到那则启事后,便怦然心动。她不顾8个儿女的一致反对,义无反顾地干了下去。她撒下了一些最普通的种子,精心侍弄。一年之后,金盏花开了,她从那些金色的、棕色的花中挑选了一朵颜色最淡的,任其自然枯萎,以取得最好的种子。次年,她又把它种下去,然后,再从这些花中挑选出颜色最淡的花的种子栽种……日复一日,年复一年。终于,在20年后的一天,她在那片花园中看到一朵金盏花,它不是近乎白色,也并非类似白色,而是如银如雪的白。于是,一个连专家都解决不了的问题,在这位不懂遗传学的老人长期的坚持下,最终迎刃而解。

俗话说:滚石不生苔。坚持不懈的乌龟能快过灵巧敏捷的野兔。如果能每天学习1小时,并坚持12年,所学到的东西,一定远比坐在教室里接受4年高等教育所学到得多。

一个人之所以成功,不是上天赐给的,而是日积月累自我塑造得来的。幸运、成功永远只会属于辛劳的人,有恒心不轻言放弃的人,能坚持到底的人。

> 恒心与忍耐力是征服者的灵魂,它是人类反抗命运、个人反抗世界、灵魂反抗物质的最有力支持。
>
> ——布尔沃

失败，另一种收获

美国亚特兰大有一个业余药剂师潘伯顿，他想研制一种令人兴奋的药，他用桉树叶作为材料，做了很多努力，药效却不怎么样。

一天，一位患头痛的病人前来医治。潘伯顿让店员取他配制的药给那患者，可是，店员在给药时，不是冲入了清水，而是失误将苏打水冲进了药瓶。病人饮后，他们才发觉配方错了，所有人都大惊失色。

但奇怪的是，病人的头痛症减轻了，而且没有发生不良反应。

过了几天，潘伯顿突然受到了启发，他把配制的脑药和苏打水做了冲兑，进行试验，发现这些液体芳香可口，益气提神。结果，在他的改良下，可口可乐从药品变成了饮料，风靡全世界。"失败乃成功之母"，没有失败，没有挫折，就无法成就伟大的事。

聪明的人会从失败中学到教训。失败者则是一再失败，却不能从其中获得任何经验。

"我在这儿已做了30年，"一位随从抱怨他没有升职，"我比你提拔的许多人都多了20年的经验。"

"不对，"将军说，"你只有一年的经验，你从自己的错误中，没学到任何教训，你仍在犯你第一年刚做时的错误。"

错误和失败是迈向成功的阶梯，任何成功都包含着失败，每一次失败都是通向成功不可跨越的台阶。

有志气有作为的人,并不是因为他们掌握了什么走向成功的秘诀,而恰恰在于他们在失败面前不唉声叹气,不悲观失望。

成功与失败并没有绝对不可跨越的界限,成功是失败的尽头,失败是成功的黎明。失败的次数愈多,成功的机会亦愈近。成功往往是最后一分钟来访的客人。

失败是生活中的一个组成部分,是有所进取、求变创新和参与竞争的过程中的一个正常的组成部分。

> 不会从失败中找寻教训的人,他们的成功之路是遥远的。
> ——拿破仑

 一切都会好起来的

"一切都会好起来的。"这句话很简单,却很有道理。即使你的眼前有许多的不顺利,但一定要坚强,因为一切都会慢慢好起来的。

确实,人生并非处处顺利平坦、尽是莺歌燕舞,而总是伴随着几多不幸、几多烦恼。一旦遭遇不顺和困难,你必须学会坚强,因为一切都会慢慢好起来的。

现在说起梅西,估计没有几个人不认识他。

梅西身高1.69米,体重68千克,被人们认为是马拉多纳的化身。马拉多纳对这位小老乡的评价是:"梅西是一位天才球员,前途不可限量。"

梅西12岁时来到巴塞罗那,在青年队中锤炼5年后进入一线队,他在2004年的南美青年锦标赛上打进7球而成为最佳射手。如今,梅西已经凭借在足球场上的出色表现征服了全世界。

但是你绝对不知道,梅西也曾经有过一段痛苦的往事。作为一个天才球员,他差点儿因为身体的原因而被埋没了。1987年6月24日,在阿根廷圣塔菲尔省的罗萨里奥中央市,继两个哥哥之后,梅西降生了。这个穷人家的孩子,身体羸弱,妈妈无暇照顾弱小的梅西,把他寄养在辛迪亚家。辛迪亚和梅西从幼儿园到小学一直在一起,辛迪亚见证了梅西童年所有的艰辛和欢乐,而梅西也把辛迪亚当成这个世界上唯一可以倾诉的人。

作为梅西最痴心的球迷,辛迪亚珍藏着梅西为各个俱乐部效

力时穿过的各种款式的球衣——梅西把自己多出来的一套送给了辛迪亚。辛迪亚总是坐在高高的看台上,看着她的英雄演出,她比任何人都更早而且更坚定地相信梅西的足球天赋。那是一段多么幸福的时光。可惜美好的光阴总是容易逝去,11岁的梅西被查出患有荷尔蒙生长素分泌不足,这将影响他骨骼的健康发育,也就是说,他将在1.4米的高度停滞不前。纽维尔斯老男孩俱乐部不想再为还未成名的梅西掏每月800美元的治疗费用,梅西只能和父亲远赴他乡,去西班牙求助。那是在最后一场比赛后绝望的辞行,13岁的梅西抱着辛迪亚号啕大哭,而辛迪亚抱着他说:"不哭不哭,坚强点儿小不点儿,坚强点儿小不点儿,一切会好起来的。"

情况真的好了起来,他通过治疗长到了近1.7米,并在巴塞罗那如鱼得水,天赋尽显,无论是里杰卡尔德的肯定,还是其他教练的赞誉,甚至马拉多纳也亲自给他打电话进行鼓励,这都在向全世界发布一个信息:梅西已经与从前大不相同。小罗说:"只有梅西才能骑在我的背上,我们是好兄弟。"现在的梅西,因为足球集万千宠爱于一身,媒体、教练、队友、球迷把他当明星、孩子、兄弟、偶像般看待。但是在他内心里,他永远都忘不了辛迪亚在他耳边说的"坚强点儿小不点儿,一切会好起来的"。

> 世界上没有绝望的处境,只有对处境绝望的人。
> ——佚名

不要因失败而退缩

有个年轻人去微软公司应聘,但该公司并没有刊登过招聘广告。见总经理疑惑不解,年轻人用不太娴熟的英语解释说,自己是碰巧路过这里,就进来了。总经理感觉很新鲜,破例让他一试。面试的结果出人意料,年轻人表现糟糕。他对总经理的解释是事先没有准备,总经理以为他不过是找个托词下台阶,就随口应道:"等你准备好了再来试吧。"

一周后,年轻人再次走进微软公司的大门,这次他依然没有成功。但比起第一次,他的表现要好得多。而总经理给他的回答仍然同上次一样:"等你准备好了再来试。"就这样,这个青年先后五次踏进微软公司的大门,最终被公司录用,成为公司的重点培养对象。再试一次,你就有可能达到成功的彼岸。

事业取得成功的过程,实际上就是不断战胜失败的过程。因为任何一项事业要取得相当的成就,都会遇到困难,难免要犯错

误,遭受挫折和失败。例如,在工作上想搞改革,越革新矛盾越突出;学识上想有所创新,越深入难度越大;技术上想有所突破,越攀登险阻越多。著名科学家法拉第说:"世人何尝知道,那些经由科学研究工作者头脑里的思想和理论当中,有多少被他自己严格的批判、非难的考察,而默默地、隐蔽地扼杀了。就是最有成就的科学家,他们得以实现的建议、希望、愿望及初步的结论,也达不到1/10。"这就是说,世界上一些有突出贡献的科学家,他们成功与失败的比率是1∶10。至于一般人,比这个比率当然要低得多。因此,在迈向成功的道路上,能不能经受住错误和失败的严峻考验,是一个非常关键的问题。

　　从事任何一项事情,先要决定志向,志向决定以后,就要全力以赴毫不犹豫地去实行。法国作家凡尔纳年轻时写的第一本著作,是名为《气球上的五星期》的科学幻想小说。当他兴高采烈地将自己的处女作送给一家出版社时,总编辑翻了书稿后,感到书中说的尽是不切实际的幻想,而且写作手法也离经叛道,便婉言拒绝出版。在一连被15家出版社拒之门外之后,凡尔纳开始灰心丧气。他坐在火炉旁撕开手稿,一张一张地往火炉里扔。幸亏他的妻子发现,才阻止了他的焚书行动,并劝他再试一次。凡尔纳第二天又将书稿整理好送到第16家出版社。

出乎意料，这家出版社独具慧眼，不仅立即给予出版，而且与凡尔纳签订了为期20年的合同，要凡尔纳把今后写的全部科幻小说交给他们出版。《气球上的五星期》出版后，立即轰动文坛，凡尔纳一举成名。

成功往往就在于——面对失败不退缩。试想，凡尔纳如果不跑这第16家出版社，还会有这部不朽的传世名作吗？还会有大作家凡尔纳吗？所以，遇到挫折，千万不能退缩，不能轻易放弃。只有努力尝试，才能成功。

> 卓越的人的一大优点是：在不利于己的遭遇里百折不挠。
> ——贝多芬

能拿得起就要能放得下

"拿得起"不仅仅是应在踌躇满志时，"放得下"也绝不仅仅是应在遭受挫折时。在人生的每时每刻，我们都应把它们看作一个整体。一个人在处世中，拿得起是一种勇气，放得下是一种肚量。在热带丛林里，猎人经常制作一些笼子捕猎猴子，笼子里挂着果实，笼子上开一个小口，刚好够猴子的前爪伸进去，如果猴子抓住坚果就无法将爪抽出来了。而猴子有一种习性，就是不肯放弃已经到手的东西，所以它们最终就成了猎人的猎物。猴子被捉的悲剧告诉我们，在生活中必须学会"拿得起放得下"，学会

适时松开手。人生的成败往往蕴含于取舍之间,"放得下"的关键在于你是否能够在人生道路上进行果敢的取舍。

拿得起,实为可贵;放得下,是人生处世之真谛。成大事业者不会计较一时的得失。他们都知道放下什么、如何放下。放得下,你就可以轻装前进。放得下,你就可以摆脱烦恼和纠缠,整个身心沉浸在轻松悠闲的宁静中。

放得下会使你赢得别人的信赖;放得下会改变你的形象,使你显得豁达豪爽;放得下还会使你变得更能干、更精明、更有力量。在这个世界上,为什么有的人活得轻松,而有的人活得沉重?前者是拿得起,放得下;而后者是拿得起,却放不下,所以沉重。

放下心中所有难言的负荷,放下失恋的痛楚,放下费尽精力的争吵,放下屈辱留下的仇恨,放下对虚名的争夺,放下对权力的角逐……凡是次要的、枝节的、多余的,该放下的都要放下。只有放得下,才能将该拿起的东西更好地把握住。

由于清朝晚期科场中贿赂盛行,舞弊成风,蒲松龄四次考举人都落第了。最后他放弃了"科考"这条可以使自己走上仕途的道路,而选择了著书立说。他立志要写一部"孤愤之书"。他在压纸的铜尺上镌刻了一副著名的对联,上书:有志者,事竟成,破釜沉舟,百二秦关终属楚;苦心人,天不负,卧薪尝胆,三千

越甲可吞吴。

蒲松龄以此自敬自勉。后来，他终于写成了《聊斋志异》，流传百世。蒲松龄虽然科举落第，与仕途无缘，但他找到了成就自己的另一个方向。在这条新开辟的道路上，他取得了成功，也为后人留下了宝贵的精神财富。

人生是一种相依相得的平衡，放不下就得不到，得不到就会很痛苦。拿得起放得下，反映的是一个人生命的品质和品位。这需要一种不断积蓄的能量。唯其拿得起放得下，才能厚积薄发，举重若轻，处世从容。一个明智的人，拿得起有分量的东西，同样也放得下，只要是服从自己内心，就可以进行另一选择。

放得下，看似消极，实质却是一种积极的心态。对于自己的过去，大可不必耿耿于怀，是好是坏都已过去，生命并非只有一处灿烂辉煌。包容过去，融通未来，创造人生新的春天，人生才更加明媚迷人。

人生并非只有一处辉煌，别处风景也许更加迷人。拿得起与放得下是生命中最重要的修养之一，我们只有果断清醒地放下应该放下的，随和且随缘地看待人生旅途中遇到的利害得失、祸福变故，接纳和融合所遇到的一切，才能腾出空间，享有所拥有的一切。

> 当你紧握双手，里面什么也没有；当你打开双手，世界就在你手中。
>
> ——佚名

第十二章
百忍成金,包容忍耐才能不断超越

 学会忍耐,磨难变财富

再怎么成功的人,也会有不顺心的时候,也会有徒劳无功的时候,也会经受磨难的侵扰,但这些人不会太在意这些逆境,而是坚持着忍耐下去,并且坦然面对,累积这些"结果",获得最后的成功。

李嘉诚的亚洲首富不是凭空杜撰的,比尔·盖茨的几百亿美元更不是海风吹来的。他们都经过了生活的历练,都经过了不如意的侵扰。在漫长的忍耐中,厚积薄发,最后一鸣惊人。

比尔·盖茨刚刚离开哈佛与保罗·艾伦一起经营微软之初,处处不如意。因为公司很小,BASIC 的发明并未引起轰动,当时的 IBM 与苹果公司甚至不屑与微软合作。这些不如意都没能让比尔·盖茨退缩,他在忍耐中不断探求。终于,在 Win95 推出后,比尔·盖茨让世界上的人认识了自己。

商业本身就充满了各种不确定因素,因此磨难必不可少,纵观古今成功的商人,忍耐几乎是必不可少的手段,经历过痛苦的磨炼,财运才会随之而来。如果只是争硬气、好面子,不懂得忍耐之道,不知晓伸缩之理,那么,最终只会一无所获。

磨难并不可怕,关键看你能否忍耐。有一颗"隐忍"的心,那么,一切都唾手可得。为什么拿破仑能够突破重重阻力而叱

咤风云？为什么海伦·凯勒在双目失明的情况下，心中依然有光明之梦？一个共同之处就是他们都经历过一个又一个的磨难，并且在磨难的打击中迅速成长起来。也正因为如此，伟人们镇定自若，"泰山崩于前而色不变，猛虎趋于后而心不惊"。

"宝剑锋从磨砺出，梅花香自苦寒来。"磨难就是财富，受宫刑之辱的司马迁痛定思痛，写出了千古名篇："盖西伯拘而演《周易》；仲尼厄而作《春秋》；屈原放逐，乃赋《离骚》；左丘失明，厥有《国语》；孙子膑脚，《兵法》修列；不韦迁蜀，世传《吕览》；韩非囚秦，《说难》《孤愤》；《诗》三百篇，大抵圣贤发愤之所作也。此人皆意有所郁结，不得通其道，故述往事，思来者。"

张海迪在轮椅上完成了一部外国名著《海边诊所》的翻译；贝多芬丧失听力后，写出了传世的《命运交响曲》；陈景润在极其困难的环境中，完成了哥德巴赫猜想的论证。他们用自己的亲身经历，唤醒了许多对生活失去信心的人；他们用自己的奋斗经历，谱写了拼搏人生、战胜宿命的凯歌。

安逸舒适的环境容易消磨人的意志，最后导致人一无所成。接受命运的挑战是我们磨炼、施展抱负、实现梦想的最佳方法。

磨难能成就文人学者，同样会成就市井商人，只要你学会忍耐，磨难就是一种财富。任何一个成大事者必须具备忍耐挫折、忍耐成功前的艰辛的能力，更要具备忍耐不如意的时时侵扰。

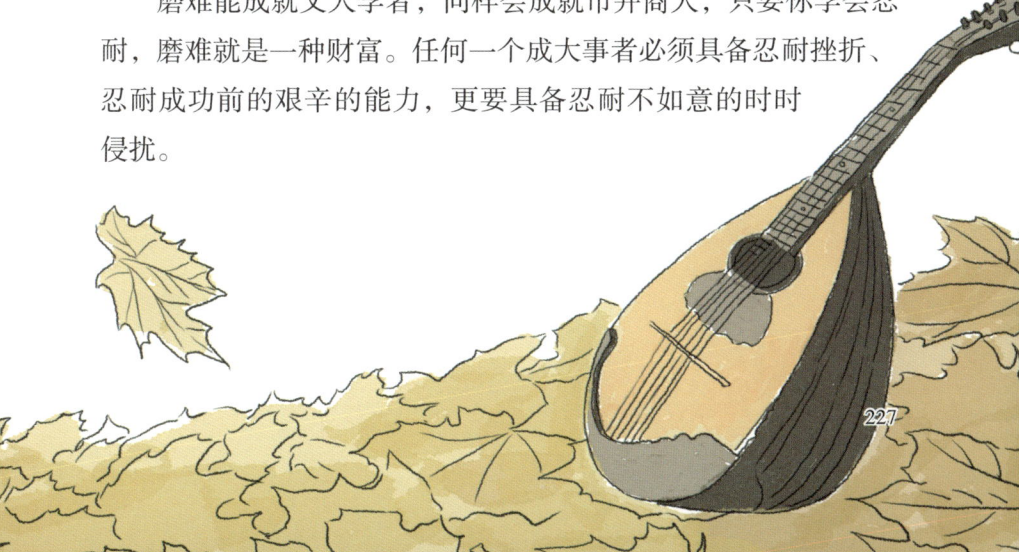

人生不可能一帆风顺，机会也不会总顺风而来，蕴藏在逆境中的机会有时更加巨大，足以改变人的一生，所以，对于逆境也应该抱着一种忍耐的态度。磨难虽苦，但却可以化为人生的财富。

> 每一种挫折或不利的突变，是带着同样或较大的有利的种子。
>
> ——爱默生

学会忍耐，克制自己

《增广贤闻》上说："酒是穿肠的毒药，色是剐骨的钢刀，气是下山的猛虎，怒是惹祸的根苗。"愤怒就像决堤的洪水那样淹没人的理智，让人做出不可思议的蠢事，甚至招来杀身之祸。

张飞脾气暴躁，常常因为一点小事而大动肝火。当他得知关羽败走麦城而丧命时，旦夕号泣，血泪衣襟，愤恨不已，发誓定要血刃仇人。

张飞下令军中，限三日内置办白旗白甲，三军挂孝伐吴。次日，两员末将范疆和张达告诉张飞："白旗白甲，一时无可措置，须宽限时日。"

张飞大怒，喝道："我急着想报仇，恨不得明日便到逆贼之境，你们怎么敢违抗我的命令！"说罢，便让武士把二人绑在树

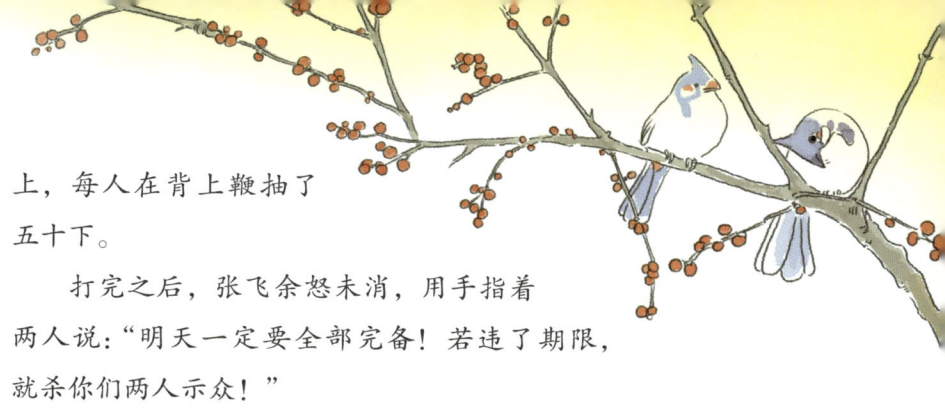

上,每人在背上鞭抽了五十下。

打完之后,张飞余怒未消,用手指着两人说:"明天一定要全部完备!若违了期限,就杀你们两人示众!"

被打得满口吐血的两人到帐中商议,范疆说:"今日受了刑责,倒也无所谓,可我们怎能在短短一天内将装备筹措齐备?张飞性暴如火,如果明天置办不齐,你我皆有杀身之祸。"张达说:"张飞爱酒,每日必饮。如果我们两个不应当死,那么他就醉在床上;如果应当死,那么他就不醉好了。"当下商议停当。

当天晚上,张飞又哭又骂,喝得烂醉如泥,卧在帐中,鼾声如雷。范张二人探知消息,心中大喜。初更时分,两人各怀利刃潜入帐中,摸到张飞床前,突见张飞双目圆睁,躺在床上。两人大惊,刚欲逃走,又听得张飞打起了鼾,但眼睛仍然睁着。原来张飞睡觉时眼睛是睁开的。

两人不再犹豫,斩下张飞的首级,骑快马星夜逃奔东吴去了。

西方有句经典谚语:"上帝要想让他灭亡,必先使他疯狂!"忍字头上一把刀,忍耐会有痛苦;忍字下面一颗心,忍耐会受煎熬;忍耐就好似手刃自己的心,需要时间等待伤口慢慢愈合;忍得头上乌云散,拨开云雾见阳光。

某大公司老板巡视仓库,发现一个工人正坐在地上看连环画。老板最恨工人在工作时间偷懒,于是怒不可遏地问:"你一个月挣多少钱?""1000元。"工人回答。老板立刻掏出1000元给他，并大叫："拿了钱给我滚！"事后，老板责问后勤主管："那工人是谁介绍来的？主管说："那人不是公司员工啊，而是其他公司派来送货的。"当然，这只不过是一个笑话，但也从一个侧面反映了人在愤怒状态下失去理智的情形。不分青红皂白，一时的冲动很有可能会断送自己的大好前程，造成严重的后果。

冲动是魔鬼，会让人做出不理智的事，就好像失去理智的罪犯那样走上极端，亲手毁掉自身的幸福。所以，每个人都不要轻易地冲动，学会忍耐，要把魔鬼赶得无影无踪，用平常的心理，理智地对待各种事情。

生气，是用别人的错误惩罚自己。

——佚名

小不忍则乱大谋

孔子的"小不忍则乱大谋"的核心也是一个"忍"字。苏轼《留侯论》中的"忍小忿就大谋"也与孔子不谋而合。仁于心之深处，以忍为基，以静为根。欲得仁，必要忍其所不忍，而达其所能忍。可惜一般人多停留在"忍小忿"的初级层次上，未能深入理解"忍"字的多层次内涵。

人人都想安宁、平静地度过一生，大起大落总不是让人舒

服的事。那么,人如何度过平静而安宁的一生呢?无他,唯忍而已。人生中有很多难忍之事。功名啦、利益呀、地位啦、尊严啦,如果你一切都不想忍耐,凡事要争个高低、讨个公道、问个明白,那你一辈子别想安生,与别人相处也难以平和。

从前有个张家庄,里面住着一位张善人,人都说他有菩萨心肠,慷慨好义,更能容忍常人不能容忍之事。

这一年,适逢张善人给第五个儿子娶亲。因此,远朋近友,世交亲戚皆上门贺喜。张府一片喜气洋洋,张灯结彩,人声鼎沸,其中还夹杂着很多乞丐流民的身影。原来,张善人传言出来,不论远村外姓,只要前来道声"恭喜"便可得到一锭白花花的银子。

谁知,正要开席时,管家来报说,有一个老乞丐不要银子,非要进花厅喝喜酒、吃华宴。花厅乃是宴请府台、知县、名绅等有身份的贵宾的地方,怎能容下一个乞丐?况且业已安排就绪,座无虚缺。

张公紧皱眉头，犯愁起来。此时知县欲命人将老乞丐抓起来，痛打一顿，张公未允。他亲自来到大门口处，请老乞丐到花厅之外的大院内就宴，那里是张家的亲朋好友。谁料，老乞丐却不领情，他说不稀罕普通筵位，此来只因听说张公乃有容之人，有求必应，一见之下不过是徒有虚名而已。说完站立起身，拄拐便欲走开。

张公闻言，连忙作揖解释说，花厅已坐满，如不嫌弃可以坐在自己的位置上。老乞丐自然十分愿意，他转怒为喜，随张公入府门，过大院上花厅，落入雅座。众宾客哗然，都道岂有此理。然老乞丐却旁若无人，只管自个儿斟樽把盏，哪管众人横眉冷眼。

待酒足饭饱之后，老乞丐又提出要住进张府的要求，并且一定要睡一夜芙蓉帐才行。张公思虑再三，再次答应了他的要求。

翌日凌晨，张公赶至洞房门时，发现老乞丐已然不见，床上横躺着的是一尊黄澄澄、光灿灿的黄金人像，此金像与真人一般大小，足有一千八百多斤。众仆人纷纷称奇，管家招呼仆人花了九牛二虎之力才把它弄出洞房。

这时，张公发现粉壁上题有字，曰："有容之士福自在，无忍之心祸难消。自来黄金无足赤，却道世间有完人。"下边落款是——纯阳子吕洞宾。张公恍然大悟，

众家丁也赞叹宽容之人自得福报。一时间，张公的故事传为美谈。

很多人，认为一个"忍"字埋没了人的刚性，一个"忍"字让人的骨气荡然无存，因此，"忍"实在是糊涂之举，不值得提倡。的确，"忍"字头上一把刀，但是遇事能忍祸自消，忍得一时之气，免却百日之忧。没有忍，就没有平和；没有忍，就不能顾全大局；没有忍，就没有最后的功成名就，因此，人们说：天下事得成于忍。"忍"是一种悠游处世的策略。

人皆有所不忍，达之于其所忍，仁也。

——孟子

动心忍性，增益不能

《孟子·告子下》中说："天将降大任于斯人也，必先苦其心志，劳其筋骨，饿其体肤，空乏其身，行拂乱其所为，所以动心忍性，曾益其所不能。"一个"动心忍性"，将所有的屈辱都包含殆尽，为所有的忍耐立下了名目。

佛家崇尚"忍辱"，每一个修行者只有忍受得了不能忍受的侮辱，才能够静下心来，做到真正的大彻大悟。

法远圆监禅师在未证悟前，与天衣义怀禅师听说叶县地方归省禅师有高风，便约好一同前往叩参。

适逢冬寒，大雪纷飞，酷寒无比。同参共八人来到归省禅师处，归省禅师一见，不由分说即呵骂驱逐，众人抱着修行的目的，不愿离开。归省禅师于是用水泼他们，一时间，几个人成了"水人"。其他六人不能忍受如此侮辱，认为不过是修行而已，何必如此，于是愤怒离去。只剩下法远与义怀整衣敷具，长跪祈请不退。过了一会，归省禅师又呵斥道："你们还不去，难道待我棒打你们？"法远禅师诚恳地回答道："我二人千里来此参学，岂以一杓水泼之便去？就是用棒责打，我们也不愿离开。"

归省禅师点点头，应允二人去挂单，法远禅师挂单后，曾任典座（煮饭）之职，有一次未曾禀告，即取油面做五味粥供养大众。归省禅师知道此事后，训斥道："盗用常住之物，私供大众，除依清规责打外，并应依值偿还！"说后，吩咐人打了法远禅师三十香板，将其衣物具估价后，悉数偿还已毕，就将法远驱逐出去。

法远禅师很是无奈，但是他的修佛之心很坚韧，仍不肯离去，每日于寺院房廊下立卧。归省禅师看见后又呵斥道："这是院门房廊，是常住公有之所，你为何在此行卧？请将房租钱算给常住！"归省禅师于是要求值日僧给法远禅师追算房钱，法远禅师毫无难色，遂持钵到市街为人诵经，以化缘所得偿还。

事后不久，归省禅师对众教示道："法远是真正参禅的法器！"并叫侍者请法远禅师进堂，当众付给法衣，号圆监禅师。

修佛之人眼里心里没有名利欲望，也没有怒气怨气，越是受辱之时，佛的宽广大度才越显得可贵。我们普通人如果能够做到这一点，那么，就一定能够心平气和，悠游处事。漫漫人生路，有太多的不如意，忍一时风平浪静，因此，有时候受辱并不妨碍你日后的"一飞冲天"；相反，受辱反而会把"一鸣惊人"映衬得更加精彩。

> 报复不是勇敢，忍受才是勇敢。
> ——莎士比亚

 该妥协时就妥协

"决不妥协"一词显示了人的骨气和刚性，一直以来深为人们所称道。但是，凡事无绝对，这种处世原则也并非是放之四海而皆准的。老子曾说："万物负阴而抱阳，冲气以为和。"阴阳本来是互不相容的两个矛盾体，然而自然要想达到和谐，阴阳就必然要相容，同样，很多矛盾都是如此，如果想要解决问题，对立的双方就必须要有大气，能容得了对方。特别是在社交中，我们更要有妥协的度量。

晋代人裴遐在东平将军周馥的家里做客。两人开始下围棋时，周馥的司马过来劝酒。裴遐正玩在兴头上，所以，递过来的酒没有及时喝。司马很生气，以为轻慢了他，就顺手推了裴遐一

下，结果把裴遐推倒在地。在旁边的人都吓了一跳，以为这种难堪是难以忍受的。谁知裴遐慢慢爬起来，坐到座位上，举止若定，表情安详，若无其事地继续下棋。王衍后来问裴遐，当时为什么表情没有什么改变。裴遐回答说："仅仅是因为我当时很糊涂。"裴遐不显山不露水，以妥协化解了一场纠纷，看似木讷、迟钝、迂腐，实则是大智者。善于妥协，不仅是一种明智，也是一种美德。能够妥协，意味着将对方的利益看得和自身利益同样重要。生活中，人与人之间的尊重是相互的。只有尊重他人，才能获得他人的尊重。因此，善于妥协就会赢得别人更多的尊重，成为生活中的智者和强者。

《忍经》上有这样一则故事：刘伶曾经喝醉酒，与一人发生冲突。那人挽起衣袖，握拳冲过来。刘伶说："我这像鸡肋一样的身子抵挡不住老兄的拳头。"那人大笑而收起拳头，刘伶以妥协避免了一场争斗。

当与别人相处时，我们还需要一些理性的妥协。理性的妥协是消除"应激反应"、适应社会环境的一种健康心态，更是人际关系中的一种良好合作行为，就像是从两个不同的数字之间去寻找一个公约数。

妥协是人际交往中不可或缺的润滑剂，发挥着越来越重要的作用。比如在市场上，买家与卖家经过讨价还价，最终以双方的妥协而成交。于个人来讲，妥协能够使人进退自如；于团队来讲，妥协能够沟通意见、团结同事,形成战斗力;于世界来讲,妥协能够加深理解、达成共识,化干戈为玉帛。

> 遇事妥协,不坚持到底,是大多数人的选择。
> ——佚名

 忍一时之气,免百日之忧

从某种意义上说,忍耐是保全人生的一种策略,忍一时之气,可免百日之忧。忍耐是一种弹性前进策略,就像战争中的防御和后退,有时恰恰是迎取胜利的一种必要姿态。

汉高祖刘邦去世后,吕后临朝称制。匈奴单于冒顿本已很轻视刘邦,现在一个妇人上台执政,他更加肆无忌惮,便想挑起战端。他派使者给吕后送去一封信,信上说:"孤独苦闷的君王,生于荒野大泽之中,长于旷野牛马蕃育的区域,多次到达边境,希望能游览中原。陛下独立,孤独苦闷孀居。两位君主都不高兴,也没办法让自己快乐起来,希望以我的所有,换你的所无。"

吕后见信后勃然大怒:"好一个不知死活的匈奴冒顿,竟敢调戏到孤家头上,想是活得不耐烦了。"于是,她召集群臣商议,要大举讨伐匈奴以雪此辱,以泄此恨。

吕后的妹夫樊哙率先请命道:"我愿带 10 万人马,横行匈奴之中。"

吕后大喜，季布却怒声叱道："樊哙理应斩首。"

朝堂上的人都吓了一跳，季布撞邪了吧，竟要斩元勋国戚。

季布接着说："当年高帝率30万精兵讨伐匈奴，却被围困在平城七日七夜。那时樊将军也在军中，却无计可施。今日为何就能以10万人马横行匈奴之中呢？这不过是当面阿谀陛下，犯了欺君之罪，按律当斩。"

樊哙无言以对，其他众将也纷纷附和说，以高帝之英武，尚被困于平城，匈奴势力强盛，委实不宜挑起战端。

吕后见众将意思一致，回头细想也确实如此，便忍下这口恶气，退朝回到宫内，不再提讨伐匈奴的事了。

过后吕后为安抚单于冒顿，居然放下架子卑词婉约地写了一封和解信，说："单于不忘我中原，赐给书信，我等国人都很恐惧，我自思自忖，身体老迈，气息也衰弱，牙齿也脱落得差不多了，走路的步子都不均匀，单于听信了传言，我实在不足以使您自污。我国无罪，应在您赦免之列。我有自己坐的车两辆、马八匹，送给您平时乘坐。"然后她派宦官张泽送去。

单于冒顿原以为汉朝一定会倾竭国力攻击自己，所以严加戒备，没想到等来的却是这般礼遇。再想想，如若自己与汉硬拼，实在也占不得什么便宜，便派使者送给吕后好马，回信说："我生长荒野，没听过中原的礼仪，多亏陛下赦免了我。"便又和汉朝和亲。

吕后性格刚毅、心狠手辣，然而面对匈奴单于的侮辱和挑衅，她不但采纳众将的意思忍耐住了，而且还以谦卑的姿态回了一封信，倒使得冒顿心生惭愧，回信谢罪，并达成了和亲。吕后执政时边塞得以无事，民众得以休养生息，就是因为吕后能够忍下单于之气。

事物总是在不断地运动和变化，机会存在于忍耐之中。大机会往往蕴藏在大忍耐之中，所谓"天将降大任于斯人也，必先苦其心志，劳其筋骨，饿其体肤……"就是这个道理。大丈夫志在四方，岂可为鸡毛蒜皮的小事而误了大谋！春秋末期最后一个霸主越王勾践卧薪尝胆的故事正好诠释了忍耐保全人生的要义——忍耐不是停止、不是逃避、不是无为，而是守弱、蓄积、迂回前进。当命运陷入不可掌控之时，就要心平气和地接纳这种弱势，学会忍耐，在守弱的基础上累积实力、发愤图强，使自己摆脱不利地位，并适时出击，争取赢得新的成功机会。

> 路遥知马力，日久见人心，有效地忍耐，会使我们获得更多的收益。
>
> ——佚名

 克制自己的不良情绪

古人说:"自行本忍者为上。"做人要忍,尤其是那些性情暴躁之人,一定要控制好自己的情绪。当然在人生当中,不良的情绪有很多种,我们在此暂不一一而论,只谈谈愤怒对于人生的不利影响。

遇事不要轻易发火,要学会自制,得罪的人多了,将不利于自己日后的发展。现实生活中,一时愤怒酿成大错或大祸的事绝非少见。

美国著名的巴顿将军某日来到前线医院看望伤员。他走到一病号前,病号正在抽泣。

巴顿将军问:"为什么抽泣?"病号抽泣说:"我的神经不好。"巴顿又问:"你说什么?"病号回答说:"我的神经不好,我听不得炮声。"

巴顿将军立刻毫无理智地大发雷霆："对你的神经我无能为力，但你是个胆小鬼，你是混蛋！"之后，巴顿依然难以泄恨，又给了这个病号一个耳光，并喊道："我不允许一个王八蛋在我们这些勇敢的战士面前抽泣。"他又毫不犹豫地给了那个病号一耳光，还把病号的军帽丢至门外，接着大声对医务人员说："你们以后不能接收这种人，他们一点儿事也没有。我不允许这种没有半点儿男子汉气概的王八蛋在医院内占位置。"

临出门前，巴顿将军转头又对病号吼道："你必须到前线去，你可能被打死，但你必须上前线。如果你不去，我就命令行刑队把你毙了。说实话，我真想亲手把你毙了。"

这件事很快被披露，并在美国国内引起了强烈的反响。好多母亲要求撤巴顿的职，有一个人权团体还要求对巴顿进行军法审判。尽管后来马歇尔从大局出发，巧妙化解了这件事，但巴顿还是因为打骂士兵而声名狼藉。这种轻率、浮躁的作风及政治上的偏见，也为他第二次世界大战后被撤职埋下了祸根。轻易动怒，既伤身又损财，明智的人是不会那么冲动，随便宣泄自己愤怒的情绪的。

对待别人的小过失，我们不能斤斤计较，而应该采取忍耐、宽容的态度。

一个人，如果身为领导而不能克制自己的情绪的话，就会危害到他的手下；如果作为一个普通员工而不能克制自己的情绪的话，就会冲撞到他的上司；一个家庭，如果成员之间不能互敬互爱、相互理解，就会导致家庭的混乱甚至破裂；国家之间，如果

不能互相谅解和宽容，就会引发战争，使老百姓蒙受灾难，生灵涂炭。

轻易发怒有百害而无一利。为此，我们可以学学古人，看看他们是怎么做的。

富弼是北宋仁宗时一位品行优良的宰相，年轻的时候因能言善辩在无意间得罪了不少人，从而给自己的事业、生活带来了不利影响。经过长时期的自省，他的性格逐渐变得宽厚谦和。后来当有人告诉他谁在说他的坏话时，他也总是一笑了之。

"他人气我我不气，我本无心他来气。倘若生气中他计，气出病来无人替。请来大夫将病医，他说气病治非易。气之为害太可惧，不气不气真不气。"这不失为有益的养身之道，尤其对那些一遇事就跳、一说就叫的人，可算是一剂良方。

能控制好自己情绪的人，比能拿下一座城池的将军更伟大。

——拿破仑